零失败烘焙教科书

〔日〕福田淳子◆著　周小燕◆译

南海出版公司

2018·海口

目录 CONTENTS

序言 4

制作甜点之前 5
基础技巧 6
熟练使用烤箱 8

草莓奶油蛋糕 10
创新 奶油蛋糕的装饰 18

炼乳蛋糕卷 20
创新 抹茶蛋糕卷 26

红糖戚风蛋糕 28
创新 可可戚风蛋糕 33

奶酪蛋糕 34
专栏 不同乳制品的特点 39
不同奶油奶酪的特点 39

冻奶酪蛋糕 40
泡芙 44
卡仕达布丁 50
专栏 关于布丁模具 54
创新 法式布丁 55

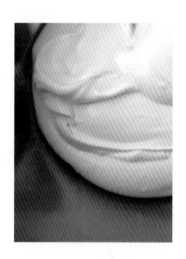

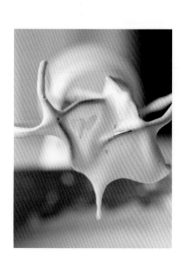

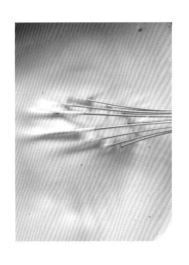

香草舒芙蕾蛋糕 56

　　创新　香草舒芙蕾蛋糕搭配英式奶油酱　61

提拉米苏 62

雪球饼干 66

酥饼 70

钻石饼干 74

玛德琳 78

莓果挞 82

　　创新　莓果挞的装饰　87

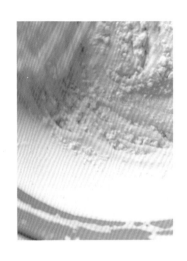

巧克力蛋糕 88

　　专栏　关于巧克力　92

　　创新　巧克力蛋糕和奶油酱　93

香橙布朗尼 94

柠檬蛋糕 98

司康 102

关于材料 106

关于工具 108

结束语 110

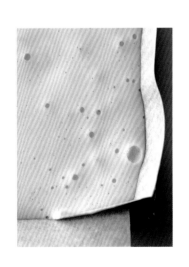

序言

做甜点的时候，是不是有过这样的经历——海绵蛋糕没有膨胀起来，泡芙皮塌陷了，蛋糕卷卷不起来，布丁是夹生的，等等？甜点是一步一步做出来的，所以，如果失败了，也一定是有原因的。

最重要的是弄清楚，为什么会失败。成功的关键，就是在了解失败原因之后反复地试验，找到成功的诀窍。通过这种方法认真制作甜点，水平才会得到质的飞跃。

我之前也以不同类别的甜点为主题写过十几本书。我喜欢从各种角度研究制作甜点的技巧，也为此做了很多尝试。改变材料种类或者比例会怎样？改变做法会怎样？大家都能做出美味甜点的方法是什么？不会失败的方法是什么？我不断摸索符合本书主题的配方，同时制作各种甜点作比较，对此感受良多。

普通的烘焙书只讲解做法，却并没有告诉我们为什么要这样做？其实，为何如此操作，才是制作甜点的重点，也是利于初学者轻松上手的关键。

至今我已做过不少甜点了，在不断制作并改良自己喜欢的甜点的过程中，形成了一套珍藏的配方。本书就选取我经常制作的经典甜点，将每个步骤的制作要点和理由尽可能详细地罗列出来。反复研究配方，总结诀窍。希望读者能按照书中的步骤制作一次甜点。

总之，关键在于精细。可以随意的地方随意，决定成败的重要步骤则慎重。一边重视平衡感，一边思考哪里还需要改进，直到做出让人欲罢不能的甜点。

这就是在家也能享受烘焙的乐趣，做出美味甜点的方法。

制作甜点之前

仔细阅读配方
了解步骤和过程

心血来潮地想做甜点，只草草看一眼配方就开始做，这样很容易看漏重要的地方，所以一定要在开始前仔细阅读步骤。此外，有节奏地做甜点也非常重要。将制作步骤记入脑中，操作时就会格外顺手，最好是毫不费力就能想象出每一步。制作出美味的甜点，就是小诀窍和认真操作积累的结果。做到了这些，甜点的品质和外观就会大幅提升。

提前准备工具
准确称量

工具要在开始做甜点前备齐，材料也要提前称重，不要等用到时才发现没有准备好。如果在制作的过程中称量，就可能因放置时间过长导致材料的状态发生变化。此外，做甜点大多利用的是物质的化学变化，如果改变材料的分量，成品也会随之改变。因此，称重作为基础中的基础，一定要正确操作。建议使用带有毛重功能的电子秤（p108）。虽然开始比较麻烦，但多操作几次，就会明白正确称重是制作甜点的必备步骤。

按照配方操作
不要省略小步骤

约80%失败的甜点，都是由于没有按照配方制作造成的，比如变换了材料，增减了分量，或简化了步骤。开始时一定要按照配方里的步骤认真操作。材料和分量要保持不变，写着放少许就放少许，写着静置就要静置。在此基础上略作改变，就可以做出稍微甜一些、量多一些，或者烤色更漂亮的甜点。改配方时一定要做好笔记，下次做蛋糕时就能用上了。

清理厨房
确保操作空间干净卫生

作为常识，大家应该知道做甜点之前要认真洗手，戴上围裙，扎起头发。将厨房清理干净，确保空间宽敞，能铺开工具和材料，面板要认真擦去污渍。烘焙也好，烹饪也好，最重要的就是要干净卫生。清理出干净的操作空间，也可以提高效率。

本书标准

★ 1大匙是15mL，1小匙是5mL，1杯是200mL。

★ M号鸡蛋为中等大小的鸡蛋。1个M号鸡蛋的蛋黄约为20g，蛋白约为35g。

★ 微波炉的加热时间以600W为标准。

★ 相关材料和工具在p106 ~ 109。仔细阅读之后就可以实际操作了。

基础技巧

接下来会介绍和烘焙有关的基础技巧以及要提前了解的注意事项。

分离蛋黄和蛋白

鸡蛋较凉的时候，蛋黄的脂肪成分会凝固，不容易破碎。经常失败和没有自信的人可以尝试用这个方法分离鸡蛋。逐个蛋分离，即使失败或失误，损失的也只是1个蛋，不会影响整体。

将鸡蛋分别打入小碗中，用手慢慢捞起蛋黄，让蛋白自然滑落。用这种方法分离出需要使用的蛋黄和蛋白。

用电动打蛋器打发

制作蛋白霜，或者打发淡奶油、蛋液时用到的操作。打发速度比普通打蛋器快，但也经常出现不小心就打发过了的现象，因此要一边观察材料状态一边操作。

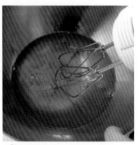

① 液体容易飞溅，要将搅拌棒伸入液体中再开始搅拌。

② 先用低速搅拌，以防材料飞溅，再慢慢转到高速，注意打发时将碗倾斜。

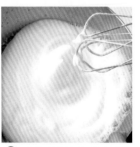

③ 上图是蛋白打发完成的状态,有小尖角立起就可以了。

用橡皮刮刀搅拌

将碗底的材料舀起，搅拌至均匀顺滑时用到的操作。这里介绍的"切拌"方法，能让空气混入面糊中，既可以保持面糊的蓬松感，又可以搅拌均匀。

① 将橡皮刮刀从碗的远侧向近前移动，用这种方式切拌面糊。

② 沿着碗的边缘，从底部大幅舀起面糊。同时，向橡皮刮刀移动的相反方向转动碗，直至搅拌均匀。

用打蛋器搅拌

快速、均匀地搅拌2种材料时用到的操作。打蛋器也可以用来打发淡奶油。握柄大小不同，拿法也不同，方便手持就可以了。

用打蛋器沿着碗内壁的曲线转圈。最好顺时针搅拌和逆时针搅拌交替进行。另外，打发淡奶油时要将碗倾斜，以便混入空气。

铺上油纸

为了让烤好的甜点容易脱模，有两种解决办法。模具形状简单时就铺上油纸，复杂时可涂上黄油或撒上面粉。下面将介绍油纸的铺法。

① 根据模具底部的尺寸折出折痕，折叠时可以比照模具内侧或者外侧的尺寸。

② 将四边折好。如果比照的是模具外侧的尺寸，稍微向内折一点就可以了。

③ 如图所示将 4 个角剪开。

④ 将长边叠在外侧，组合好放入模具中。

裱花袋的用法

裱花袋除了可以挤出淡奶油装饰外，也可以挤泡芙糊或者玛德琳蛋糕糊。准备好裱花袋、裱花嘴和较高的杯子。注意淡奶油不耐热（体温），倒入后要迅速挤出。

① 将裱花嘴装入裱花袋。拧紧裱花袋并塞入裱花嘴中。

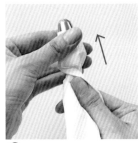

② 将裱花袋放入较高的杯子中，打开裱花袋的开口。

③ 用橡皮刮刀装入淡奶油。

④ 握住裱花袋的开口，将淡奶油挤入前端，同时用手支撑裱花嘴。

分切蛋糕

令人意外的是分切蛋糕也需要技巧。好不容易烤出好看的蛋糕，分切失败就白费工夫了。切蛋糕用的锯齿刀刀刃较长，可以漂亮地分切蛋糕。

① 在较高的容器（刀刃能放入的程度）中倒入约 60℃ 的热水，温热锯齿刀。如果没有合适的容器，可以使用切去上部的牛奶盒或者塑料瓶。

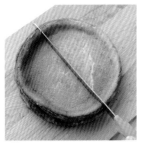

② 用厨房纸或者毛巾擦干水渍，先一切为二。不要来回推拉，将刀垂直压下去，并迅速向后抽刀。

③ 擦去刀上的残留物，清洗干净，再用热水温刀，擦干水渍后继续用上述方法分切。

④ 切整块蛋糕时，先切一半，然后吃多少切多少，不要一口气全部切完。

7

熟练使用烤箱

延长烤箱预热时间

烤箱标示温度的七成由热源产生，剩余的三成由加热后的烤箱内壁散热产生。即使烤箱标示已达到了预热温度，烤箱内部的实际温度也只达到了标示温度的七成。所以在烤箱显示已达到预热温度时，还要继续预热5～10分钟（有的烤箱有自动继续预热的功能），天气较冷时再多预热5～10分钟。预热好的烤箱，即使短暂打开烤箱门，温度也不容易下降。

快速开关烤箱门

快速开关烤箱门是铁一般的原则。打开烤箱门的瞬间，热量就开始持续地散发出来，烤箱内部的温度也会下降。烤甜点时，热量散失会导致甜点塌陷，所以练习开关烤箱门非常重要。如果没有什么重要的原因，应避免中途打开烤箱门观察的情况发生。

小电烤箱要特别注意

和微波炉一体的小型烤箱，温度上升慢，如果打开烤箱门，热量容易散发。预热时先调至烤箱最高温度，放入甜点后，再以比标示高10℃的温度烘烤。当然，烤箱门的开关要迅速。

烤盘也要预热

预热时要不要放入烤盘呢？建议把烤盘先放入烤箱预热，这样就不用担心烤箱内部的温度下降了。但是，在烘烤饼干、布丁等甜点时，要先在烤盘上调整，再放入烤箱，直接在炙热的烤盘上操作十分危险，因此要先预热烤箱，再将甜点和烤盘一起放入烤箱。

烤甜点时旋转烤盘

按照烤箱内热源的位置划分，其内部可分为容易受热的区域和难以受热的区域。将饼干等甜点摆在烤盘上烘烤时，放置的位置不同，受热也不同，所以烘烤时间过半后要旋转烤盘，以防止受热不均。这一操作的重点在于动作必须快。

了解烤箱的"脾气"

对于不同种类的烤箱，要边观察烘烤之物的状态边调整烘烤的时间和温度。基于烘烤时间调整烘烤温度。例如，烘烤时间为30分钟的配方，如果30分钟没有烤好，下次烘烤时无须延长时间，只将温度提高10℃即可；反过来，温度太高烤焦时，可将温度降低10℃。将配方写的烘烤时间和使用烤箱实际烘烤时的差异值记录下来，制作其他甜点时就可以参考了。多做几次，就能了解烤箱的"脾气"了。

现在就开始做甜点吧！

草莓奶油蛋糕

这款蛋糕包含海绵蛋糕、奶油、草莓，酸甜平衡近乎完美。制作海绵蛋糕的关键在于打发蛋液。

生日、纪念日、聚会、圣诞节等重要的日子，我都会做这款蛋糕，现在想来，这应该是我做过最多的甜点了。要问为什么，这么华丽的蛋糕有谁会不喜欢呢？！这款蛋糕包含了海绵蛋糕、淡奶油和草莓，它们单独食用时味道就很好，做成蛋糕一起食用味道会更浓郁香甜。为了使味道完美平衡，需要不厌其烦地一次次试验。

奶油蛋糕要用全蛋打发的海绵蛋糕制作。要想做出口感松软绵润、纹理细腻的全蛋海绵蛋糕，关键在于打发蛋液。打发的重点是让材料的温度达到35℃。此外，我还有很多独家小窍门跟大家分享。我会用蜂蜜和绵白糖制作出

味道浓郁的海绵蛋糕，然后搭配甜度低的淡奶油。草莓选用略带酸味的品种。将海绵蛋糕片成三片，中间夹入草莓和奶油，这样会更好吃。涂抹淡奶油的诀窍在于调整好奶油的柔软度和用量。想要做出华丽的裱花，选择齿数较多的星形裱花嘴比裱花技巧更实用。做好的蛋糕一定要静置一段时间。

这款蛋糕虽然步骤较多，和其他甜点相比难度也较大，但只要每一步都认真操作，就不会失败。做的次数越多，外观就越好看。如果只是味道好，外观却有不足之处，就要多练习几次。待做出漂亮可口的蛋糕时，所获得的成就感一定无与伦比。

? 常见的失败案例和原因

[失败案例 ❶]
海绵蛋糕没有膨胀

[原因]
+ 打发时蛋液的温度较低
→ 参考步骤3
+ 没有充分打发蛋液
→ 参考步骤4
+ 放入粉类和黄油后搅拌过度
→ 参考步骤9、10

[失败案例 ❷]
海绵蛋糕塌陷

[原因]
+ 放入粉类后搅拌次数不够
→ 参考步骤9
+ 烤好后没有立刻排出热气
→ 参考步骤14

[失败案例 ❸]
奶油太干
不能顺利挤出

[原因]
+ 奶油温度较高，操作时间过长
→ 参考步骤35

草莓奶油蛋糕

材料 （直径18cm的固底圆形模具*1，1个份）

海绵蛋糕糊		奶油	
鸡蛋（M号）……	3个	淡奶油*3………	500mL
绵白糖*2…………	75g	绵白糖…………	2½大匙
蜂蜜…………………	20g	君度酒*4…………	2小匙
牛奶…………	1大匙		
低筋面粉…………	90g	草莓*5………	300g
无盐黄油………	30g		

*1
烘烤海绵蛋糕时，建议使用底部不能拆卸的固底模具。相比活底模具，固底模具底部的热传导更好，蛋糕也能更好地膨胀。不要使用不锈钢模具，而要用热传导更好的铝模具，这样做出的蛋糕更美味更漂亮。

*2
制做海绵蛋糕不要用白砂糖，而是用绵白糖，这样做出的海绵蛋糕质地绵润、味道浓郁，烤出的颜色也很漂亮。加入蜂蜜增添美味度，让蛋糕带有类似蜂蜜蛋糕的味道，再搭配淡奶油，就做出了口味完美融合的海绵蛋糕。海绵蛋糕味道较甜，所以淡奶油里要少放糖。

*3
建议使用动物性淡奶油。如果乳脂含量过低，就不能打至八分发；如果乳脂含量过高，奶油容易变干，建议选择乳脂含量约40%的淡奶油。不过，将淡奶油抹在海绵蛋糕上时，可以放入20%～30%的植物性淡奶油，这样就不容易变干了。涂抹时间较长的话，也可以用新奶油替换旧奶油。

*4
可以用白兰地、朗姆酒、樱桃利口酒等喜欢的酒代替。

*5
草莓的味道和香甜浓郁的海绵蛋糕、淡奶油完美融合，使蛋糕酸甜可口。另外，要选择质地硬实的草莓。摆在蛋糕上的草莓不要太大，看起来会更美观。

提前准备

a
低筋面粉过筛1次。
◦将面粉倒入网目较粗的粉筛中，从较高的位置过筛。这样除了能筛出粉块，还能在面粉中混入空气，混合时会更容易搅拌。

b
模具内铺上油纸。
◦模具内侧薄薄地涂抹一层黄油或者植物油（分量外），底面铺上大小合适的油纸，侧面也围上高度适宜的油纸。

c
烤箱预热到170℃。
◦烤箱要充分预热。即使预热后烤箱标示温度已达到170℃，但烤箱内的实际温度可能还达不到，要继续预热10分钟以上，提前积蓄足够的热量。

d
黄油隔水或者微波加热。
◦当黄油的温度达到50～60℃时，最容易和材料混合，使用时可以隔水保温，或者用前再化开。如果黄油温度较低，流动性就会变差，难以搅拌均匀。

制作海绵蛋糕糊

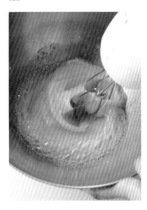

1
碗内放入鸡蛋、绵白糖、蜂蜜，用电动打蛋器低速搅拌。

○放入材料后如果静置一段时间，容易结块，所以要立刻搅拌。

○搅拌后蛋液体积会增大，最好选择直径约28cm的碗。

2
粗略搅拌后隔水加热，同时用电动打蛋器打发。

○在较大的平底锅内倒入水并加热，加热到60℃后，将碗底浸入锅中。

○打发全蛋时，蛋黄内的脂肪会影响打发，随着温度的升高，液体表面的张力会减弱，从而使蛋液更容易打发。

3
蛋液加热至35℃后，就不再隔水加热。

○虽然经常说"加热至接近人体温即可"，但每个人对温度的感知程度不同，所以一定要使用温度计（最好是电子温度计）。

○如果打发时温度超过40℃，蛋液会过度膨胀，这样做出的蛋糕纹理较粗；如果不到35℃，就达不到理想的打发状态。

4
用电动打蛋器打至颜色发白、体积膨胀。

○用打蛋器舀起蛋液时，能如图中所示呈缎带状落下就可以了。

○打发至这个程度后，即使之后和面粉、黄油混合，也不会消泡，烘烤时也能顺利膨胀。需要注意避免过度打发至发干的状态。

5
用电动打蛋器低速打发1～2分钟。

○最后低速搅拌，并整理气泡的纹路。气泡越小，蛋糕糊越能保持稳定，和面粉、黄油混合时也就越难以消泡。如果气泡细小而均匀，就能保持纹理细腻的状态直到烘烤完成。

○打发时蛋液温度会上升，但温度较高时气泡的稳定性会变差。因此打发完成前，一定要将温度降下来（理想温度是25℃）。

6
将牛奶倒入步骤5中，用打蛋器搅拌均匀。

○搅拌时继续调整纹路。

○先搅拌牛奶，加入的牛奶可增加湿度，也可提高流动性，这样面粉就会更容易搅拌均匀。

7
将一半低筋面粉均匀过筛。

○先倒入一半面粉，方便搅拌均匀。注意过筛后加入，这样更容易搅拌。

8

用打蛋器搅拌至看不到干粉。

◉过筛放入剩余的低筋面粉并搅拌。面粉较难混合，所以先用打蛋器沿着碗旋转搅拌。

9

表面看不到干粉后改用橡皮刮刀搅拌均匀，直至面糊出现光泽。

◉用橡皮刮刀从碗底舀起面糊并搅拌，直至搅拌均匀。

◉虽然不能搅拌过度，但如果搅拌不充分，面糊就不会顺滑，这也是烘烤时塌陷的原因之一。搅拌容易消泡，会影响膨胀，所以搅拌前要充分打发。而且搅拌会形成适量的面筋，让面糊黏稠起来，烘烤时就能做出质地绵润松软的蛋糕了。

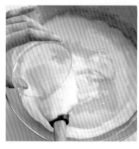
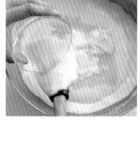

10

在蛋糕糊上倒一圈化开的黄油（如图所示），从碗底舀起搅拌。

◉黄油比重较重，容易在碗底堆积，所以要先倒在橡皮刮刀上再倒入碗中。

◉放入黄油后容易消泡，要快速搅拌。

倒入模具烘烤

11

将蛋糕糊全部倒入模具中。

◉将碗倾斜，用橡皮刮刀刮出蛋糕糊倒入模具中。

◉碗内残留的蛋糕糊已经消泡，烘烤时难以膨胀，用橡皮刮刀归拢后要倒入模具侧面。如果倒入蛋糕糊中间，会因为难以膨胀，而导致蛋糕塌陷。

12

将模具在距离台面约20cm的地方磕落1次。

◉把蛋糕糊里的大气泡磕出来，可以让纹路更整齐。但次数多了容易损伤蛋糕糊的气泡，所以只磕1次就可以了。

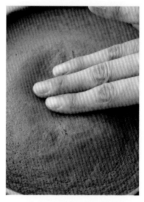

13

170℃烘烤约30分钟。

◉开关烤箱门要快速操作，以免烤箱内温度下降。

◉烘烤期间温度下降，容易影响蛋糕膨胀，因此尽量不要在烘烤时打开烤箱门，特别是开始烘烤的前20分钟。如果蛋糕已烤成焦黄色，轻轻按压中间时有弹性，就算烤好了。

14

将模具在距离台面约20cm的地方磕落1次。

◉这样可使内部温热的水蒸气散出，蛋糕能快速冷却。冷却时间过长，蛋糕容易塌陷。

15

在模具上方放上油纸和蛋糕架，然后上下旋转。

◉将蛋糕旋转，让蛋糕底部朝上。

16

脱模，带着油纸冷却。

◉在干燥的季节，可以给蛋糕盖上拧干的毛巾。

◉放凉后，用保鲜膜包裹带油纸的蛋糕，并将焦黄的一面朝上，室温静置半天到一天，待蛋糕状态变得稳定，这样味道会更柔和。

装饰

17
撕下油纸，横向切成三片。

◉放入冰箱冷藏约1小时，会更容易切分。

◉使用切片辅助器（p109蛋糕固定条），这样蛋糕的切面特别漂亮，厚度也很均匀。如果切成三片，最好选择1.5cm高的切片辅助器。如果没有，可以用牙签在蛋糕上插上10～13个小孔再切开。

18
将焦黄的一面薄薄切除。

◉平坦的表面更方便涂抹奶油，所以要切去焦黄的一面。

19
将草莓切成5mm厚的薄片。

◉留出装饰的草莓（约10个），放置备用。

◉包括草莓在内的浆果类不耐水，所以要用刷子清理杂质。如果用水清洗，草莓表面沾水后会影响味道，也容易损伤外表。

20
碗内放入淡奶油、绵白糖和君度酒，用电动打蛋器打至七分发。

◉打发淡奶油时，要将淡奶油的温度保持在3～5℃，碗底一定要浸入冰水。如果温度较高，会影响淡奶油的状态。另外，不用时可以放入冰箱冷藏。

◉用打蛋器舀起时，有小角立起，就说明打至七分发了。

21
取出步骤20中的1/3，剩余的打至八分发。

◉用打蛋器舀起时，有小直角立起，就表示打至八分发了。

◉淡奶油很容易从七分发打到八分发，要边打发，边观察状态。

22
在最下面的蛋糕片上用抹刀薄薄地涂抹一层八分发的奶油，再摆上一半草莓。

◉从这一步开始，要在旋转台上操作。

◉如果中间也塞满草莓，会很难切开，所以摆放草莓的时候避开中间部分。

23
继续薄薄地涂抹一层八分发的奶油。

◉边转动旋转台，边均匀涂抹奶油。

24
用抹刀刮除多余的奶油。

◉尽量薄薄地涂抹奶油，到能隐约看见草莓的程度。

25
放上另一片海绵蛋糕，并用手轻轻按压。重复步骤22～24。

◉按压蛋糕时，会有少量奶油从边缘溢出，这样的奶油量正好，太多或太少都不行。

26
将边缘溢出的奶油抹平。

◎将侧面溢出的奶油抹入缝隙的同时，均匀抹平。

27
海绵蛋糕上面放上大量八分发的奶油。

◎奶油打发后体积膨胀了很多，所以放上大量奶油也没关系。

28
将上面的奶油抹匀。

◎边转动旋转台，边用抹刀抹匀。抹匀过程中奶油会掉落，先不用管掉落的奶油。

29
将掉落的奶油在侧面抹匀。

◎边转动旋转台，边将侧面掉落的奶油抹匀，剩余的奶油倒回碗内。

◎因为上面还要再涂抹一层七分发的奶油，所以此时涂抹得不好看也没关系。多次涂抹奶油容易使奶油变干，因此速度要快。

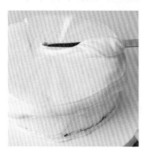

30
将七分发的奶油全部倒在上面，和步骤28一样抹匀。

◎将抹刀洗净，擦干水分后再涂抹奶油。

31
和步骤29一样，将奶油在侧面抹匀。

◎用八分发略硬的奶油打底，再盖上柔软的七分发的奶油，就做出了漂亮的蛋糕，最重要的是放上大量奶油，并快速抹匀。

◎刮去多余的奶油，让蛋糕表面变得干净。最后会剩余约100mL的奶油。

32
刮去掉落在旋转台上的奶油。

◎将抹刀侧面略微插入蛋糕底部，边转动旋转台，边刮去掉落的奶油。把这个步骤做好，将蛋糕移到盘内时就会非常顺利。

33
将抹刀插入蛋糕底部托起蛋糕，将其移到盘内。

◎装饰后尽量不要移动，所以要在装饰前先移到盘内。

◎将最漂亮的一面作为蛋糕的正面，尽量不要接触正面。将抹刀插入另一面，抬起抹刀，再把手伸入底部托起蛋糕。

◎将蛋糕放入盘内。先拿开手，再慢慢抽出抹刀。

34

裱花袋装上裱花嘴，再装入剩余的八分发奶油。

◎将裱花袋放入杯内撑开，操作更方便（p7）。

35

握紧裱花袋的开口，将奶油挤在蛋糕上面。

◎温度上升后奶油会变干。所以使用之前奶油要完全冷却，只将需要的部分装入裱花袋，并快速挤出。另外，手一定不要太用力。

◎星形裱花嘴的花齿数量较多，可以裱出有华丽感的花型。裱花嘴的花型有很多种，可以参考p18。

36

最后放上草莓，再在冰箱内冷藏半天以上。

◎蛋糕静置后，草莓表面的水分会与蛋糕充分融合，奶油和草莓的香气也会渗入到蛋糕中。另外，静置之后可以切出更漂亮的蛋糕。

◎要提前准备好冰箱内用来冷却的地方。如果有带盖的蛋糕盘，就盖在蛋糕上。如果没有，也不用盖上保鲜膜，直接放入冰箱内就可以（1天之内没关系）。但是，蛋糕容易吸附其他味道，冰箱内不要放入气味强烈的东西。

▌分切

37

蛋糕刀用热水擦拭后再分切蛋糕。

◎分切的方法参考p7。

◎分切时避开上面装饰的草莓，如果要切开草莓，先将草莓放在手上切开后再摆上。

创新 奶油蛋糕的装饰

裱花是蛋糕常用的装饰方法之一，用不同的裱花嘴和不同的挤法
能变化出不同的花型。这里介绍4种最具代表性的裱花嘴。

圆形裱花嘴

最简单的裱花嘴。可以挤
出蓬松的圆形。另外，也
可以用来挤泡芙糊。

① 垂直握住裱花袋，挤出
时不要移动裱花嘴的位置，
直接提起。

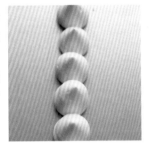

玫瑰裱花嘴

能挤出玫瑰花瓣形状的裱
花嘴。这里介绍褶皱的挤
法。

⑤ 开口较细的一端朝上，
再倾斜约45°，从右向左再
向右，这样来回移动裱花嘴，
挤出像蛇爬行时一样弯曲的
花（如右图）。

星形裱花嘴

按齿数多少区分的裱花
嘴。齿数越多，挤出的花
朵越华丽。这里使用12齿
的裱花嘴。

② 垂直握住裱花袋，挤出
时不要移动裱花嘴的位置，
直接提起。

③ 垂直握住裱花袋，像画
圆一样挤出，形成螺旋的形
状。

④ 垂直握住裱花袋，像画
半圆一样挤出。开始挤时，
在半圆的起始端略作停留，
再迅速拉出，以较细的小尖
收尾。

圣安娜裱花嘴

制作法式蛋糕时用的裱花
嘴。比其他裱花嘴大，更
能凸显分量感。

⑥ V字的开口朝上，握住裱
花袋，将奶油挤出。

⑦ V字的开口朝上，握住裱
花袋，倾斜约45°，从右向左
再向右，这样来回移动裱花
嘴，挤出像蛇爬行时一样弯
曲的花。虽然和玫瑰裱花嘴
挤法相同，但会更有分量感。

炼乳蛋糕卷

用大量鸡蛋制作出入口即化的海绵蛋糕，再卷入香浓的奶油，虽然做法简单，但味道浓郁。

将海绵蛋糕烤出焦黄色的一面朝外，里面卷入白色奶油，就是蛋糕卷了。这是一款材料和外观都非常简朴的甜点，但能感受到海绵蛋糕浓郁的蛋香和绵润的口感，搭配添加炼乳的醇厚奶油，美味无比。虽然看起来像普通的蛋糕，但海绵蛋糕和奶油入口即化的口感和浓郁的味道都令人惊艳，吃完一块还想再吃一块，是一款让人欲罢不能的蛋糕。

制作蛋糕卷最难的地方是不让蛋糕卷散开，卷出漂亮的圆筒形，这里需要一些小技巧。制作简单的甜点时，细节会决定成品的美观程度，

因此一定要熟练掌握卷蛋糕卷的技巧。首先，要把握好卷蛋糕的最佳时机，即海绵蛋糕余温尚存之际。蛋糕热的时候质地较软，难以卷起；冷的时候卷，表面容易龟裂。然后，用油纸和尺子调整蛋糕的形状。最后，要使用略硬的打发奶油（但是不能打发过度），分量也要恰到好处，以卷起时溢出少量的奶油为最佳。

另外，p26介绍的抹茶蛋糕卷，是将有烤色的一面作为内侧卷起的。如果制作炼乳蛋糕卷时发现有烤色的这一面容易龟裂，不能很好地卷起，也可以将有烤色的一面作为内侧卷起。

❓ 常见的失败案例和原因

[失败案例 ❶]
海绵蛋糕太薄

[原因]
➕打发蛋液时温度太低
→参考步骤3
➕蛋液打发得不够
→参考步骤4

[失败案例 ❷]
卷起时蛋糕出现龟裂

[原因]
➕烤制时间过长变得干燥
→参考步骤11
➕烤好后放置时间过久变得干燥
→参考步骤13

[失败案例 ❸]
卷起时奶油溢出

[原因]
➕奶油过于柔软，或者用量过多
→参考步骤14、16

炼乳蛋糕卷

材料 （27cm×27cm烤盘*¹，1个份）

蛋糕卷糊	炼乳奶油
鸡蛋（M号）…… 4个	淡奶油（乳脂含量40%
绵白糖*² …………… 85g	以上）*³ …… 180mL
牛奶……………… 2大匙	炼乳………………… 50g
低筋面粉………… 60g	

*1

虽然也可以用烤箱附带的烤盘，但这种烤盘表面凹凸不平，尺寸也各不相同，因此最好使用蛋糕卷专用烤盘。烤出的蛋糕更好卷，成品也更漂亮。

*2

做海绵蛋糕时不使用白砂糖，而用绵白糖。绵白糖含有水分和转化糖，能做出质地绵润、味道浓郁、颜色漂亮的海绵蛋糕。

*3

为了让蛋糕卷的奶油不从边缘溢出，奶油要打至略硬的程度，因此要选择乳脂含量40%以上的淡奶油。注意不要打发过度，以免出现分离。

提前准备

a

低筋面粉过筛1次。

◗倒入网目较粗的粉筛，从较高的位置过筛，这样除了能去除粉块，还能在面粉中混入空气，混合时会更容易搅拌。

b

烤盘内铺上油纸。

◗将油纸折叠成和烤盘底部一样的大小，四边折出折痕。将长边作为外侧，铺在烤盘上（参考p7）。

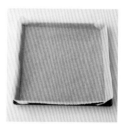

c

烤箱预热到190℃。

◗烤箱要提前充分预热。即使预热后烤箱标示已达到设定温度，但烤箱内部温度可能尚不达标。要继续预热10分钟以上，提前积蓄足够的热量。

制作海绵蛋糕糊

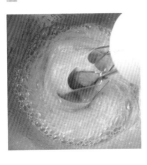

1

碗内放入鸡蛋、绵白糖，用电动打蛋器低速轻轻搅拌。

- 放入材料后如果静置一段时间，就容易结块，所以要立刻搅拌。
- 搅拌后混合物体积会增大，最好选择直径约28cm的碗。

2

粗略搅拌后隔水加热，同时用电动打蛋器打发。

- 在较大的平底锅内倒入水并加热，加热到60℃后，将碗底浸入锅中。
- 打发全蛋时，蛋黄内的脂肪会影响打发，但温度升高后，会减弱液体表面的张力，从而使蛋液更容易打发。

3

蛋液加热到35℃后，就不再隔水加热。

- 虽然经常说"加热至接近人体体温即可"，但每个人对温度的感知程度不同，所以一定要使用温度计（最好是电子温度计）。
- 如果打发时温度超过40℃，蛋液会过度膨胀，这样做出的蛋糕纹理较粗；如果不到35℃，就达不到理想的打发状态。

4

用电动打蛋器打至颜色发白、体积膨胀。

- 用打蛋器舀起时，如果蛋液如图中呈缎带状落下就可以了。
- 打至这个程度后，即使之后和面粉、黄油混合，也不会消泡，烘烤时能膨胀起来。但是，注意不要过度打至发干的状态。

5

用电动打蛋器低速打发1～2分钟。

- 最后低速搅拌，并整理气泡的纹路。气泡越小，蛋糕糊才能保持稳定，和面粉、黄油混合时也就越难以消泡。如果气泡细小均匀，就能保持纹理细腻的状态直到烘烤完成。
- 打发时蛋液温度会上升，但温度较高时气泡的稳定性会变差。因此打发完成前，一定要将温度降下来（理想温度是25℃）。

6

将牛奶倒入步骤5中，用打蛋器搅拌均匀。

- 搅拌时继续调整纹路。
- 先搅拌牛奶，加入的牛奶可增加湿度，也可提高流动性，这样面粉就会更容易搅拌均匀。

7

将一半低筋面粉均匀过筛。

- 首先倒入一半面粉，这样方便搅拌。注意要过筛倒入，这样更容易搅拌。
- 面粉用量较少，用打蛋器用力搅拌，但注意不要搅拌过度。

8

剩余的低筋面粉过筛放入，将蛋糕糊搅拌均匀，直至出现光泽。

- 虽然不能搅拌过度，但如果没有足够搅拌，面糊就不会顺滑。搅拌容易消泡，影响膨胀，所以搅拌前要充分打发蛋液。而且搅拌形成的适量面筋，可以让面糊更黏稠，就能烤出质地绵润松软的蛋糕。

倒入烤盘烘烤

9
将蛋糕糊全部倒入烤盘内。

○将碗倾斜，边用橡皮刮刀刮出，边倒入模具中。

○残留在碗内的蛋糕糊已经消泡，烘烤时难以膨胀，用橡皮刮刀归拢后倒入烤盘侧面。如果倒入蛋糕糊中间，会因为难以膨胀，而导致蛋糕塌陷。

10
将烤盘在距离台面约20cm的地方磕落1次。

○把蛋糕糊中的大气泡磕出，让纹路更整齐。但磕落次数太多容易损伤蛋糕糊的气泡，所以只磕1次就可以了。

11
在190℃的烤箱中烘烤12～13分钟。

○开关烤箱门的速度要快，以免烤箱内的温度下降。

○烘烤期间温度下降，容易影响蛋糕膨胀，因此尽量不要在烘烤期间打开烤箱门。如果蛋糕已烤成焦黄色，轻轻按压中间时有弹性，就算烤好了。

12
将烤盘在距离台面约20cm的地方磕落1次。

○这样可使内部温热的水蒸气散出，蛋糕快速冷却。冷却时间过长，蛋糕容易塌陷。

13
连同油纸一起放在蛋糕架上冷却。

○为了避免蛋糕产生裂纹，只需撕下侧面的油纸。蛋糕较热的时候质地柔软，容易破裂，要慢慢地撕下油纸。

○如果上面覆上保鲜膜，容易聚积湿气，会粘住表面焦黄的蛋糕。

○因为蛋糕容易变干，所以不要长时间放置。

卷奶油

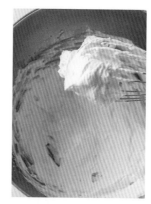

14
碗内放入淡奶油和炼乳，用电动打蛋器打至九分发。

○用打蛋器舀起奶油时，奶油不会掉落，就说明打发好了。但是，注意不要打发过度，导致水油分离。

○打发淡奶油时，为了将淡奶油的温度保持在3～5℃，碗底要浸在冰水里。温度过高，会影响奶油的状态。

15
将海绵蛋糕烤得焦黄的一面放在油纸上，注意翻面时要慢慢撕下油纸。

○卷蛋糕要趁温热时操作。在蛋糕还有温度时，不容易破裂，方便卷起。

○天气较冷时蛋糕会很快变凉，因此要提前准备好奶油。

16
将炼乳奶油均匀涂抹在蛋糕上，外侧边缘约2cm的部分不涂奶油。

○卷起时先卷涂满奶油的内侧，这样奶油不容易溢出。

○用橡皮刮刀抹匀，最后用刮板刮平。

17

从靠近自己的一侧开始卷。

○将中心部分作为中轴用力按压，紧紧卷好。

18

以此为内芯卷到最后。

○将内芯用力卷好，直至一圈圈地卷完。

19

油纸上方压上尺子，并用力整形。

○边用左手拉紧下面的油纸，边用尺子用力挤压蛋糕，这样就能整出漂亮的形状了。

○卷到有少量奶油从边缘溢出来就刚刚好。

20

用保鲜膜包裹，接缝处朝下，静置冷藏。

○带着油纸卷起，可能会产生压纹，所以要撕下油纸。

○冷藏静置半天以上。和刚做好的蛋糕相比，静置后水分会充分融入蛋糕中，分切时也能切得更漂亮。

分切

21

蛋糕刀用热水擦拭后再分切蛋糕。

○分切方法参考p7，蛋糕卷的两端也要切下。

创新 抹茶蛋糕卷

在抹茶海绵蛋糕中夹入抹茶奶油,卷起来就是抹茶蛋糕卷了。略苦的抹茶粉适合搭配加入炼乳的奶油。炼乳蛋糕卷是将有烤色的一面作为表面,而抹茶蛋糕卷则是将另一面作为表面,从而做出清爽别致的蛋糕。

材料 (27cm×27cm的烤盘,1个份)

蛋糕卷糊

鸡蛋(M号)··············	4个
绵白糖·················	85g
牛奶··················	2大匙
A	低筋面粉···············	60g
	抹茶粉 *1 ··············	7g

抹茶奶油

抹茶粉··················	1小匙
绵白糖··················	1小匙
淡奶油(乳脂含量40%以上)·········	180mL
炼乳··················	50g

*1
抹茶蛋糕的香气、味道以及颜色的鲜艳程度,都和抹茶粉的品质成正比。虽然没必要使用最高级的抹茶粉,但还是要选择品质上乘的抹茶粉。抹茶粉加热后容易褪色,虽然用小球藻代替抹茶粉做出的甜点颜色也非常鲜艳,但会影响味道。抹茶粉容易氧化,味道也容易消散,所以打开后要密封冷藏保存。

提前准备

将A均匀混合,过筛2次。

◉将A中粉类过筛2次,使其混合均匀。

★除此之外的准备工作和p22相同。

做法

1
和炼乳蛋糕卷的步骤1~12做法相同。

2
将海绵蛋糕从烤盘中取出,倒扣放在铺了油纸的蛋糕架上。

◉因为用蛋糕架会留下压痕,所以冷却时将作为表面的一面朝上放置。炼乳蛋糕卷是将有烤色的一面作为表面,但是这里是将另一面作为表面,所以要将有烤色面朝下放置。

3
撕下油纸,将作为蛋糕卷表面的一面朝上放凉。

◉如果带着油纸放凉,容易产生褶皱,所以要撕下来。
◉蛋糕热的时候容易被弄破,要小心操作。首先将侧面的4个角撕下,再撕下上面的油纸。将撕下的油纸盖在蛋糕上,以免蛋糕干燥。

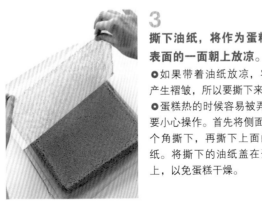

4
碗内放入绵白糖和抹茶粉,搅拌均匀。

◉抹茶粉容易结块,所以不能直接放入奶油中,要先和绵白糖混合,再多次少量放入奶油中,搅拌均匀。

5
将混合好的绵白糖和抹茶粉多次少量放入淡奶油中,用打蛋器搅拌均匀,再放入炼乳,用电动打蛋器打至九分发。

◉打发淡奶油时,为了将奶油的温度保持在3~5℃,碗底一定要浸在冰水里。如果温度较高,会影响奶油的状态。
◉为了不让蛋糕卷的奶油从边缘溢出,要将奶油打至略硬的程度。一定要选择乳脂含量在40%以上的淡奶油。但是,注意不要打发过度,导致水油分离。

6
趁蛋糕温热的时候,将有烤色的一面朝上,放在油纸上。

◉如果像炼乳蛋糕卷一样将有烤色的一面作为表面,卷起的时候容易破裂,将另一面作为表面,就不用担心破裂的问题了。

7
之后和炼乳蛋糕卷步骤16~21做法相同。

红糖戚风蛋糕

> 放入大量充分打发后质地略硬的蛋白霜，做出绵润松软的口感。

提起戚风蛋糕，就不得不说其绵润松软的口感，什么都不加，直接吃就很美味，请各位务必品尝一下。品尝时可以用叉子，不过用手撕开蛋糕，放入口中，更能体会到这种松软的感觉。因为用糖少，所以口感轻盈松软，我特别喜欢这款蛋糕。

戚风蛋糕松软的秘密就在于充分打发的蛋白霜。虽然也可以用柔软的蛋白霜制作，但是放入充分打发后质地略硬的蛋白霜，比较不容易失败。如果能很好地掌握打发蛋白霜的方法，其他使用蛋白霜的甜点也会做得很好。当然，制作甜点最终还是要靠自己的感觉，多尝试几次，才能找到自己独有的标准。

这款蛋糕因为使用相同数量的蛋黄和蛋白，而不会有鸡蛋剩余，所以非常受欢迎。要想做出特别松软、入口即化的口感，就要仿照这一配方多加蛋白。另外，直径20cm的模具要比直径17cm的模具更能让蛋糕纵向膨胀，从而增加松软感。

影响戚风蛋糕味道和口感的关键，在于粉类、油分、水分的配比。我尝试过各种比例，终于写出这个不会让蛋糕过于柔软，而且口感轻盈、余香怡人的配方。

？ 常见的失败案例和原因

[失败案例 ❶]
蛋白无法打发

[原因]
✚混入油分（蛋黄）

→参考提前准备c、步骤5

✚过早放入糖

→参考步骤6

[失败案例 ❷]
蛋糕没有膨胀

[原因]
✚蛋白霜打发不够

→参考步骤6

✚材料搅拌过度

→参考步骤9

✚烤箱预热不够

→参考提前准备b

[失败案例 ❸]
蛋糕塌陷

[原因]
✚烘烤前打开烤箱门

→参考步骤11

✚烘烤后没有立刻倒扣

→参考步骤12

红糖戚风蛋糕

材料 （直径20cm的戚风蛋糕模具 [*1]，1个份）

蛋黄（M号）⋯⋯⋯⋯⋯⋯	6个
红糖A [*2] ⋯⋯⋯⋯⋯⋯⋯	60g
植物油 [*3] ⋯⋯⋯⋯⋯⋯⋯	80g
水 [*4] ⋯⋯⋯⋯⋯⋯⋯⋯⋯	75mL
白兰地⋯⋯⋯⋯⋯⋯⋯⋯⋯	1大匙
低筋面粉⋯⋯⋯⋯⋯⋯⋯	140g
蛋白（M号）⋯⋯⋯⋯⋯⋯	8个
红糖B ⋯⋯⋯⋯⋯⋯⋯⋯⋯	60g
糖粉⋯⋯⋯⋯⋯⋯⋯⋯	酌情使用

[*1]
模具尺寸越大，膨胀空间越充足，越能凸显戚风蛋糕独有的松软感。常见的戚风蛋糕模具尺寸为直径17cm和20cm，这里选用的是20cm的模具。

[*2]
红糖未经过精炼，带有独特的香气和味道，适合搭配简单的戚风蛋糕。除了红糖，也可以用蔗糖。黑糖味道过于强烈，不适合制作戚风蛋糕。

[*3]
用植物油做甜点时（油炸时除外），推荐使用葡萄籽油。这种油没有特殊的味道，不会影响其他材料的味道，而且不易氧化，长时间放置也不会产生异味。

[*4]
很多人会用牛奶代替水，但我比较喜欢用水做的戚风蛋糕，所以配方中只用了水。

提前准备

a

低筋面粉过筛1次。

◎倒入网目较粗的粉筛，从较高的位置过筛，这样除了能去除粉块，还能在面粉中混入空气，混合时更容易搅拌。

b

烤箱预热到170℃。

◎烤箱要提前充分预热。即使预热后烤箱标示已达到设定温度，但烤箱内部温度可能尚不达标，要继续预热10分钟以上，提前积蓄足够的热量。

c

鸡蛋冷藏到使用前，将蛋黄和蛋白分离。

◎用冷藏后的蛋白打发的蛋白霜纹理更细腻，状态更稳定。
◎蛋黄和蛋白分离后容易干燥，表面的薄膜容易凝结，所以等到使用前再分离。
◎鸡蛋的分离方法参考p6。

做法

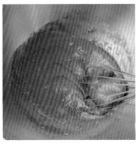

1

碗内放入蛋黄、红糖A，用打蛋器搅拌均匀。

◉用打蛋器搅拌到材料互相融合就可以了，不用打至颜色发白。

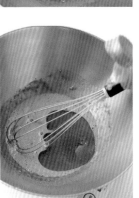

2

混合后放入植物油搅拌。

◉蛋黄的主要成分是油脂，先放入油分会更容易混合。

3

放入水和白兰地，搅拌至顺滑。

◉油和水完全融合且质地顺滑、颜色发白就说明乳化完成了。

4

将低筋面粉分2次筛入碗中，每次都搅拌至顺滑。

◉首先放入一半的量，这样更容易搅拌。注意要过筛加入。

◉因为放入了植物油，即使用力搅拌也不会产生太多面筋。搅拌至顺滑，面糊变得黏稠即可。

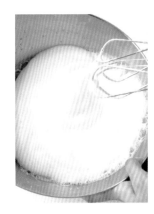

5

蛋白放入另一个碗中，用电动打蛋器打至有小角立起。

◉要使用没有污渍和水渍的碗，特别注意不要有油分。蛋黄也含有油分，所以即使混有少量蛋黄，也做不出质地硬实的蛋白霜。

◉蛋白霜的气泡越大，就会膨胀得越大，这样反而容易塌陷。气泡纹理细腻均匀，才是理想的打发状态。

◉开始不要放入红糖。放入红糖虽然能使气泡保持稳定的状态，但因为有了黏性，也会更难打发。

6

将红糖B分2次放入蛋白霜内，并用电动打蛋器打至云朵般松软的状态。

◉虽然要打发出硬实的蛋白霜，但也不能打发过度。如果蛋白霜打至发干的状态，后面会难以混合。另外，膨胀得越大，烘烤时就越容易出现塌陷。

◉中间不能停止打发。一旦中断，之后不管再怎么搅拌，由于蛋白质的状态已经变化，也很难打发了。

7

将1/3打发好的蛋白霜放入步骤4的碗中，并用打蛋器搅拌均匀。

◉这里要将蛋黄糊和蛋白糊混合均匀。为了搅拌时不消泡，蛋白要充分打发。

8

再放入剩余量一半的蛋白霜，用打蛋器轻轻搅拌后，再用橡皮刮刀继续搅拌。

○用打蛋器将蛋糕糊中的大气泡搅碎。如果残留了气泡，烘烤时会出现空洞。

○搅碎气泡后，改用橡皮刮刀从碗底搅拌。

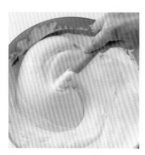

9

放入所有剩余的蛋白霜，同样搅拌均匀。

○先用打蛋器搅碎大气泡，粗略搅拌后改用橡皮刮刀从底部搅拌，用力将蛋糕糊搅拌至均匀顺滑。

10

将蛋糕糊全部倒入模具。

○将碗倾斜，用橡皮刮刀边刮边倒入模具中。

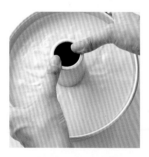

11

双手拿住模具，在台子上轻轻磕几下。烤箱预热至170℃，烘烤40～45分钟。

○磕落时要紧紧压住模具上部的突起。因为是活底模，容易有蛋糕糊进入缝隙。

12

烘烤后立刻旋转蛋糕，并倒扣在酒瓶上冷却。

○烤好的蛋糕特别柔软，直接冷却会导致蛋糕塌陷。

脱模

13

完全放凉后，在模具和蛋糕之间插入刀子，旋转一圈。

○使用戚风蛋糕脱模刀，可以干净地脱模。

○为了不破坏膨胀出模具的部分，边用手指将蛋糕压向内侧，边插入脱模刀。

14

内侧也同样插入刀旋转一圈。

15

将侧面的模具取下，将刀插入蛋糕和模具底部之间，再将底部的模具取下。

○刚烤好的蛋糕非常柔软，放凉后脱模，不会破坏蛋糕表面。建议先放入冰箱冷冻或者冷藏，等表面冷却后再脱模。

16

将底部朝上放在面板上。分切蛋糕时直接向下切开，不要刀按压蛋糕。

○如果有波纹刀，切的时候更方便。

○蛋糕容易干燥，也容易吸收气味，要仔细地用保鲜膜包好保存。

○食用时可以根据喜好撒上适量糖粉。

创新 可可戚风蛋糕

因为喜欢味道浓郁的戚风蛋糕，所以在这里介绍一道带有可可风味的创新配方。味道略苦的可可戚风蛋糕，与少糖的淡奶油很搭。由于蛋糕中加入了朗姆酒，非常适合搭配放了朗姆酒的奶油。

材料

（直径20cm的戚风蛋糕模具，1个份）

蛋黄（M号）…6个	
白砂糖A………	60g
植物油…………	65g
水…………	70mL
朗姆酒………	1大匙
A 低筋面粉 …	70g
可可粉 ……	50g
泡打粉 …	2小匙
蛋白（M号）…8个	
白砂糖B………	70g

提前准备

将A均匀混合，过筛2次。
●将A中的粉类过筛2次，使其均匀混合。

★ 之后的提前准备和p30相同。

做法

和红糖戚风蛋糕的步骤1～16相同。

●红糖用白砂糖代替，白兰地用朗姆酒代替，低筋面粉用粉类A（低筋面粉、可可粉、泡打粉）代替。

●搅拌蛋白霜时，注意可可粉的油脂容易导致消泡。要尽量快速操作。放入的泡打粉有助于蛋糕膨胀，一定程度上避免了蛋白霜消泡。

食用方法

虽然直接吃就很美味，但搭配淡奶油的味道更好。只须在淡奶油中放入少量红糖和朗姆酒，再打发至略软的八分发即可。

奶酪蛋糕

加入蛋白霜，制成入口即化、质地轻盈的蛋糕。淡奶油和柠檬的组合，让酸味更均衡，整体味道也会更柔和。

奶酪蛋糕是一款初学者也能轻松做好的甜点。只须简单的搅拌和烘烤，不费时间，也很难失败。话虽如此，但简单并不代表单调。这款蛋糕不会因为稍微改变材料的配比，而发生蛋糕分离或者不能膨胀的状况，可以说这是一款能够自由变换出自己喜欢的味道和口感的甜点。

我很喜欢味道浓郁厚重的奶酪蛋糕，尤其是放入略微打发的蛋白霜、入口即化的那种。我非常喜欢蛋糕放入口中融化般的感觉。虽然

制作时可以减少一点砂糖用量，但是淡淡的甜味正好和奶酪的厚重完美融合。乳制品选用淡奶油，可以增添柔和的奶香味。多加一些柠檬汁，能让味道更清爽，酸味也恰到好处。放入香草籽和朗姆酒，让蛋糕余香绵长，别具风味。

奶酪蛋糕的味道和口感都会因加入其中的乳制品（淡奶油、酸奶、酸奶油）的不同而改变，可以参考p39的专栏，制作出自己喜欢的奶酪蛋糕。

？ 常见的失败案例和原因

［失败案例 ❶］
蛋糕糊中残留粉块

[原因]
✚ 奶油奶酪没有恢复到室温
→ 参考提前准备a
✚ 奶油奶酪没有搅拌均匀
→ 参考步骤4
✚ 没有过滤
→ 参考步骤9

［失败案例 ❷］
味道不均匀

[原因]
✚ 蛋糕烤好后没有充分静置
→ 参考步骤15

奶酪蛋糕

材料（直径18cm的活底圆形模具，1个份）

奶酪蛋糕糊

奶油奶酪……………………	200g
白砂糖A ……………………	60g
蛋黄（M号）………………	2个
淡奶油……………………	200mL
朗姆酒……………………	1大匙
柠檬汁……………………	1大匙
香草荚……………………	1/2根
低筋面粉…………………	3大匙
柠檬皮碎 *1…………	1/2个的量
蛋白(M号)…………………	2个
白砂糖B ……………………	20g

蛋糕饼底

全麦饼干 *2…………	80g
无盐黄油…………………	25g

*1
使用柠檬皮时，建议选择未用农药和未打蜡的有机柠檬。

*2
全麦饼干是用未去麸皮的全麦面粉制作而成，味道朴实而丰富。很多饼干都可以作为蛋糕饼底，但是全麦饼干含糖量少，味道浓郁，非常适合搭配奶酪蛋糕。

▌提前准备

a
奶油奶酪、淡奶油静置恢复至室温。

◉在使用前30～60分钟，将奶油奶酪置入室温环境中，软化到用手指能轻轻按下的程度。如果没有静置到合适的柔软度，接下来的步骤都很难顺利进行。

◉冬季在室温下静置也很难软化，可以将奶油奶酪切成小块，用60℃的热水隔水加热，或者用微波炉小火力加热30秒（过度加热会影响味道）。

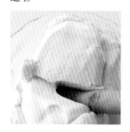

b
整个模具薄薄地涂抹一层黄油或者其他油类（分量外），底部铺上油纸。

◉侧面不必裹上油纸。如果侧面裹上油纸，蛋糕烤好后会在模具侧面留下油纸的痕迹。

c
用刀纵向剖开香草荚，刮出里面的香草籽。

d
黄油隔水或者用微波炉加热熔化。

e
烤箱预热到170℃。

◉烤箱要提前充分预热。即使预热后烤箱标示已达到设定温度，但烤箱内部温度可能尚未达标，要继续预热10分钟以上，提前积蓄足够的热量。

f
鸡蛋冷藏，使用前再分离蛋黄和蛋白。

◉用冷藏后的蛋白打发的蛋白霜纹理更细腻，状态更稳定。

◉蛋黄和蛋白分离后容易干燥，表面的薄膜容易凝结，所以等到使用前再分离。

◉鸡蛋的分离方法参考p6。

做法

1
饼干放入密封袋等较厚的袋子里，用擀面杖碾碎。

◉先敲碎饼干，然后用擀面杖碾至更碎。

◉密封袋下铺上毛巾，更方便操作。

◉也可以用食物料理机搅碎。

2
在步骤1内放入熔化的黄油，再揉搓均匀。

◉混合均匀。

3
倒入模具，均匀铺开。

◉手指裹保鲜膜、或用汤匙按压底部。边缘很容易留缺口，要紧紧按压。

4
碗内放入奶油奶酪，用橡皮刮刀搅拌至顺滑。

◉一开始就用打蛋器搅拌，容易结块。所以先用橡皮刮刀搅拌至顺滑才是关键。如果一开始就结块，便会残留到最后。

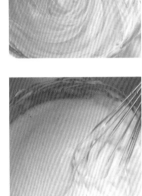

5
在步骤4中放入白砂糖A，先用橡皮刮刀搅拌均匀，再用打蛋器打发。

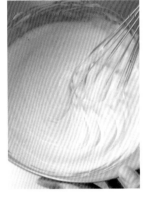

6
放入蛋黄搅拌。

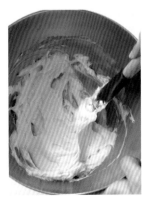

7
分2次加入淡奶油，再依次放入朗姆酒、柠檬汁、香草籽并搅拌均匀。

◉上述材料不要1次全部放入，要按顺序来，每次都搅拌均匀。如果量较大可以分2次放入。

◉先放入油脂较多的淡奶油，会更容易混合。

8
低筋面粉过筛加入，搅拌至顺滑。

9

过滤到另一碗内。

◉将蛋糕糊倒入滤网中过滤，这样做出来的蛋糕口感更顺滑。若滤网网目过细，会很难过滤。

10

放入柠檬皮碎并搅拌均匀。

11

在另一个碗中放入蛋白和白砂糖B，用电动打蛋器打至有小角立起。

◉开始就放入砂糖，避免打发过度。不要打至有直角立起。

◉放入打发的蛋白霜，可以做出松软的口感。但过度打发会导致烘烤时过度膨胀，放凉后蛋糕会塌陷，口感和外观都会变差。

12

将步骤11的蛋白霜倒入步骤10的蛋糕糊内，用橡皮刮刀从底部快速搅拌。

◉用橡皮刮刀转圈搅拌，将蛋糕糊混合均匀。

13

蛋糕糊倒入步骤3的模具中，在预热至170℃的烤箱内烘烤40～45分钟。

◉将碗倾斜，将蛋糕糊用橡皮刮刀边刮边倒入模具中。

14

连模具一起将蛋糕放在蛋糕架上放凉。

 脱模

15

冷藏3小时以上脱模。

◉放到第二天的蛋糕，要比刚烤好时味道更融合更好吃。蛋糕冷藏后受冷凝固，更方便分切，做出漂亮的成品。

◉将模具放在罐子或者瓶子等稳定性较好的物品上，按压模具脱模。

16

蛋糕刀用热水擦拭后分切蛋糕。

◉分切的方法参考p7。

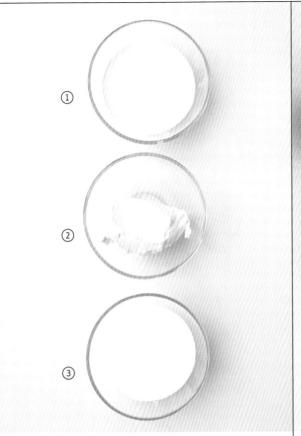

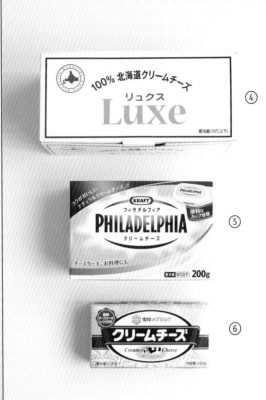

不同乳制品的特点

　　制作奶酪蛋糕时，若使用200g奶油奶酪，就要加入200g乳制品，这是基础比例。使用的乳制品不同，做出的奶酪蛋糕的味道和口感也会不同。这个配方中使用的是淡奶油，也可以根据喜好选择其他乳制品代替，其主要特征如下：

① 淡奶油
牛奶般的味道。
口感柔软顺滑。

② 酸奶油
带有比酸奶略酸的酸味。
味道醇厚浓郁。

③ 酸奶
清新爽口，略带酸味。
口感松软轻盈。

不同奶油奶酪的特点

　　奶酪蛋糕约1/3的成分是奶油奶酪。奶油奶酪的品种和产地不同，味道也不同，可以根据酸味、香气、含盐量、硬度等，选择自己喜欢的产品。我用过20多种奶油奶酪制作奶酪蛋糕，品尝对比之后，发现奶酪蛋糕适合用菲力奶酪，冻奶酪蛋糕适合用Luxe奶酪。

④ 100% 北海道奶油奶酪 Luxe
品质新鲜，柔和松软。
是一款可直接食用的美味奶酪。

⑤ 菲力奶油奶酪
酸味强烈、味道浓郁，
烘烤后口感依旧醇厚。

⑥ 雪印MEGMILK 奶油奶酪
酸味柔和，味道浓郁。
质地柔软，容易搅拌，方便操作。

冻奶酪蛋糕

制作这款酸甜浓郁的冻奶酪蛋糕，
关键在于选择合适的奶油奶酪。

　　冻奶酪蛋糕是一款偶尔吃到就会觉得很好吃的甜点。以前我会烦恼用什么做蛋糕底合适，后来发现最好还是用全蛋打发制作的海绵蛋糕（p12的草莓奶油蛋糕中用的海绵蛋糕），虽然很费时间和工夫，最后还会剩下2/3用不完，但顺滑柔软的奶酪，非常适合搭配质地松软、口感绵润的海绵蛋糕。

　　本书使用的配方加入了酸奶和淡奶油，味道清爽，奶香十足，能让人充分感受到奶油奶酪的口感，实现了各种味道的完美融合。按本书配方做出的蛋糕味道柔和，多年来我都难以舍弃对它的喜爱。表面装饰简洁，呈现出清冽之美。

　　冻奶酪蛋糕无须烘烤，能直接展现奶油奶酪本身的味道。想要做出美味的冻奶酪蛋糕，一定要仔细选择奶油奶酪。我曾经对比了20多种奶油奶酪，了解它们各自的特点和自己的喜好。每个人对"美味"都有自己的理解，我以为美味的食物，也许大家不那么认为。p39的专栏列出了几款具有代表性的奶油奶酪的特点，以供大家参考。只有在选择材料时多加留意，烘焙之路才会不断精进。

? 常见的失败案例和原因

[失败案例 ❶]
蛋糕糊中残留粉块

[原因]
✚ 奶油奶酪没有恢复至室温
→ 参考提前准备 a
✚ 奶油奶酪没有搅拌均匀
→ 参考步骤 2
✚ 没有过滤
→ 参考步骤 6

[失败案例 ❷]
蛋糕糊过硬

[原因]
✚ 吉利丁粉用量过多
→ 参考提前准备 c
✚ 使用了较硬的奶油奶酪
→ 参考 p39

[失败案例 ❸]
蛋糕糊过软

[原因]
✚ 吉利丁粉用量过少
→ 参考提前准备 c
✚ 吉利丁粉加热过度
→ 参考步骤 5
✚ 使用了较软的奶油奶酪
→ 参考 p39

冻奶酪蛋糕

材料 （直径18cm的活底圆形模具，1个份）

奶油奶酪·····················200g
白砂糖·······················90g
原味酸奶·····················100g
柠檬汁·······················1大匙
香草荚·······················1/3根
吉利丁粉·····················7 ~ 8g
水···························3大匙
淡奶油*1·····················200mL

直径18cm、厚1.5cm的海绵蛋糕*2
·······························1片

*1
因为无须打至较硬的状态，所以选择乳脂含量较低的淡奶油即可。乳脂含量越低味道越清爽，乳脂含量越高味道越醇厚。

*2
参考草莓奶油蛋糕（p12）中海绵蛋糕的制作方法制作海绵蛋糕，然后切成1.5cm厚。也可以用奶酪蛋糕（p36）的全麦饼干饼底代替。我更喜欢用入口即化的奶酪搭配松软绵润的海绵蛋糕。

提前准备

a
将奶油奶酪、淡奶油置于室温下回温。

◦在使用前30 ~ 60分钟，将奶油奶酪放入室温环境中，软化到用手指能轻轻按下的程度。如果没有静置到合适的柔软度，接下来的步骤很难顺利进行。

◦冬季在室温下静置也很难软化，可以将奶油奶酪切成小块，用60℃的热水隔水加热，或者用微波炉小火力加热30秒（注意过度加热会影响味道）。

b
用刀纵向剖开香草荚，刮出里面的香草籽。

c
在容器内用水浸泡吉利丁粉。

◦一定要将吉利丁粉放入水中，若将水倒入吉利丁粉中，容易结块。

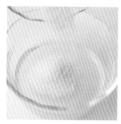

做法

1
将海绵蛋糕铺在模具底部。

◦使用全麦饼干做饼底时，做法与奶酪蛋糕的步骤1 ~ 3（p37）相同。

2
在碗内放入奶油奶酪，用橡皮刮刀搅拌至顺滑。

◦如果一开始用打蛋器搅拌，容易结块。一定要先用橡皮刮刀搅拌至顺滑。若一开始就结块，便会残留到最后。

3
加入白砂糖，用橡皮刮刀搅拌均匀后，用打蛋器搅拌均匀。

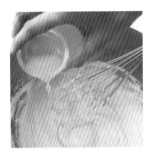

4
依次放入酸奶、柠檬汁、香草荚，每次都搅拌至顺滑。

●不要1次全部放入，而要依次放入搅拌。若材料量大，可以分2次放入。

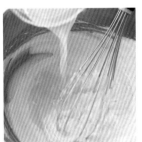

5
将吉利丁粉隔水或微波加热溶化后，放入步骤4内搅拌。

●若吉利丁粉温度太高，蛋白质会产生变化，从而难以凝固，所以将吉利丁粉加热到溶化就可以。

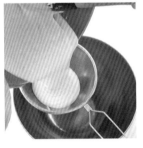

6
将5过滤到另一个碗内。

●将材料全部倒入滤网中过滤，让蛋糕的口感更顺滑。如果滤网网目太细，会难以过滤。

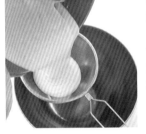

7
将淡奶油倒入另一个碗中，用电动打蛋器打至六分发。

●打发淡奶油时，为了将奶油的温度保持在3～5℃，碗底一定要浸入冰水。

●用打蛋器划过时能在表面残留痕迹即是六分发。若过度打发，会做出慕斯般的口感。

8
将1/3的淡奶油倒入步骤6内，用打蛋器搅拌均匀。

9
倒入剩余的淡奶油，用打蛋器轻轻搅拌后，再用橡皮刮刀从底部翻起搅拌。

10
倒入模具，用橡皮刮刀将表面抹平，用汤匙画出纹路。冷藏3小时以上凝固。

●边转动旋转台，边用汤匙背部，从中间向外画出螺旋状纹路。如果没有旋转台，也可以只抹平，然后左右移动画出条纹纹路。

脱模

11
用温热的湿毛巾包在模具周边，加热后脱模。

●将浸湿的毛巾放入微波炉加热，或者倒入热水中浸湿，然后温热模具。

●将底部放在罐子或瓶子等较稳定的东西上，再取下模具。

12
蛋糕刀用热水擦拭，然后分切蛋糕。

●分切的方法参考p7。

泡芙

用高筋面粉做出酥脆的泡芙皮。内馅是加了朗姆酒的卡仕达奶油酱。

卡仕达奶油在法语中叫Crème Pâtissière，意思是"甜点店的奶油"。卡仕达奶油是制作甜点时用到的最基础的馅料。泡芙便是将经典卡仕达奶油和泡芙皮组合在一起的简单甜点。

泡芙的做法虽然简单，但却能创造出无限的可能。泡芙皮的基础材料是粉类、油、水分和鸡蛋。通过改变材料或者材料的配比（放黄油还是油，用低筋面粉还是高筋面粉等），就能随心所欲地做出酥脆、蓬松、硬脆、柔软、松软、软糯等各种口感。在奶油酱方面，选用哪种卡仕达酱，要不要搭配淡奶油，放不放利口酒，自由选择的空间非常广。

我做的泡芙皮是将高筋面粉倒入低筋面粉中搅拌而成，口感介于酥脆和蓬松之间。由于泡芙皮并不厚，即使烘烤至香气四溢，也不会有坚硬的口感。内馅用的是卡仕达奶油和打发淡奶油混合而成的卡仕达鲜奶油（Crème Diplomate），这种奶油质地松软，带有朗姆酒的香醇。

泡芙是很容易制作失败的甜点，即使烘焙高手也不例外。泡芙皮的膨胀由化学变化引起。制作美味泡芙的诀窍在于，让泡芙皮纵向膨胀出美丽的形状，形成稳定的空洞，具有酥脆的口感等。要明白每个操作步骤背后的原因，从根本上理解并掌握做法。

❓ 常见的失败案例和原因

[失败案例 ❶]
泡芙皮无法膨胀

[原因]
➕ 加热不够或者加热过度
➡ **参考步骤11、12**
➕ 放入的蛋液量不够
➡ **参考步骤14、15**
➕ 烤箱温度过低
➡ **参考提前准备2−f**

[失败案例 ❷]
泡芙皮横向膨胀

[原因]
➕ 放入的蛋液量过多
➡ **参考步骤14、15**

[失败案例 ❸]
泡芙皮塌陷

[原因]
➕ 完全烤好前打开了烤箱门
➡ **参考步骤19**

[失败案例 ❹]
卡仕达奶油酱结块

[原因]
➕ 低筋面粉没有过筛
➡ **参考提前准备1−a**
➕ 蛋黄和砂糖搅拌不充分
➡ **参考步骤1**
➕ 没有过滤
➡ **参考步骤4**
➕ 加热时搅拌不充分
➡ **参考步骤5、6**

泡芙

材料 （直径约6.5cm的泡芙，8个份）

卡仕达奶油酱

蛋黄（M号）··············	3个
白砂糖··············	65g
低筋面粉··············	25g
牛奶··············	250mL
香草荚··············	1/3根
无盐黄油··············	20g
朗姆酒··············	1大匙
淡奶油（乳脂含量40%以上）	
··············	120mL

泡芙皮

无盐黄油··············		50g
水··············		120mL
盐··············		2小撮
白砂糖··············		1/2小匙
A	低筋面粉··············	40g
	高筋面粉 *1	30g
鸡蛋（M号）··········		2～3个

糖粉··············	酌情添加

*1
将高筋面粉放入低筋面粉内混合，可增加泡芙皮的厚度，做出坚实脆硬的口感。

▌提前准备1
制作卡仕达奶油酱的提前操作

a
低筋面粉过筛1次。

◎倒入粉筛等网目较粗的滤网，从较高的地方过筛。这样除了能去除粉块，还能在面粉内混入空气，混合时更容易搅拌。

b
用刀纵向剖开香草荚，刮出里面的香草籽。

▌提前准备2
制作泡芙皮的提前操作

c
鸡蛋在室温下回温。

◎从冰箱拿出来的鸡蛋，会迅速降低其他材料的温度。泡芙糊完成时的温度应当接近人体体温。为了不让温度下降，要将鸡蛋提前放置于室温下回温。

d
将A的低筋面粉和高筋面粉过筛1次。

e
烤盘薄薄地抹上一层油或黄油，再薄薄地撒上一层高筋面粉（都是分量外）。用直径5.5cm的圆模等距离压出8个圆圈。

◎虽然也可以在烤盘中铺上油纸，但是将泡芙糊直接挤在烤盘上的方法，能让面糊直接附着在烤盘上，从而充分地膨胀。

◎用圆模在烤盘上压出圆圈，全部都是等距离的。

◎若没有圆模，也可以用倒扣的杯子。

f
将烤箱预热到200℃。

◎烤箱要提前充分预热。即使预热后烤箱标示已达到设定温度，但烤箱内部温度可能尚不达标，要继续预热10分钟以上，提前积蓄足够的热量。特别是泡芙，直接用高温烘烤，就可以很好地膨胀。

制作卡仕达奶油酱

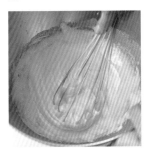

1

碗内放入蛋黄和白砂糖，用打蛋器搅拌至颜色发白。

◉搅拌至颜色发白，混入空气后，才能进行下一个步骤。之后倒入的热牛奶可以起到缓冲作用，温和地传导热量，防止蛋黄受热凝固。

◉鸡蛋的分离方法参考p6。

2

放入低筋面粉搅拌至顺滑。

◉如果过度搅拌，低筋面粉会产生面筋，所以搅拌至顺滑状态就可以了。

3

小锅内放入牛奶、香草籽和豆荚，再用小火加热到接近沸腾。

◉香草豆荚要比香草籽香味更浓烈，放入一起煮可以提香。

◉若牛奶温度过高，倒入蛋黄糊时蛋黄可能会凝固，所以不要加热至沸腾。而且过度加热的牛奶会结皮，乳脂含量会减少。

4

将步骤3的牛奶多次少量地倒入步骤2内，搅拌好后过滤回锅内。将香草荚取出。

◉要多次少量地倒入牛奶，这样蛋黄就不会凝固。

◉用滤网过滤，这样成品的口感会更顺滑。

5

边用小火加热步骤4，边搅拌至黏稠。

◉一定要边加热边搅拌，让奶油酱均匀受热。要一口气搅拌至黏稠，所以要持续搅拌。

◉这里使用圆底锅，可以用打蛋器搅拌，如果使用其他形状的锅，打蛋器搅拌不到的地方可以改用橡皮刮刀。

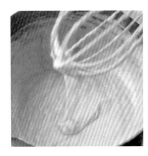

6

搅拌至黏稠状态后，继续边搅拌边加热约30秒，使淀粉失去黏性。

◉加热能消除面粉和鸡蛋的气味。

◉搅拌至黏稠后继续边搅拌边加热，使淀粉失去黏性，奶油酱也会从较硬的状态变得略微细滑。

◉要尽量快速、持续地搅拌，以免奶油酱焦煳。

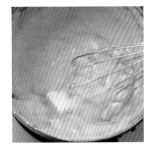

7

关火后放入黄油搅拌至溶化，再倒入朗姆酒继续搅拌。

8

倒入密封容器，再放入香草荚，用保鲜膜紧紧覆在奶油酱表面，然后快速冷却。放凉后冷藏。

◉将保鲜膜紧紧覆在表面，不仅可避免干燥，还能防止保鲜膜和奶油之间出现水蒸气。

◉为了尽快冷却，最好把容器放入盛有冰水的方盘内，保鲜膜上面再放上冰袋。

◉卡仕达奶油酱含有的水分较多，容易滋生细菌，所以要快速冷却，这样可以保存到第二天。

◉若时间充裕可以冷藏1晚，让香草的香气渗入奶油。

制作泡芙皮

9
将黄油切成1cm见方的小块放入锅内，放入水、盐、白砂糖，开火加热。

- 黄油溶化时水分会蒸发，整体的含水量就会改变。不能将黄油整块放入，一定要切成小块。
- 泡芙糊需要黏性和弹性。泡芙糊内放入油脂，在增添味道的同时，也能抑制淀粉的黏性，从而促进泡芙的膨胀。

10
将步骤9加热至沸腾。

- 不能只是锅周边开始沸腾，而是要整个锅内全部沸腾。这一步若温度较低会影响面筋的形成，泡芙糊弹性也会变差。

11
将A的面粉全部放入并立刻关火，用木铲搅拌。搅拌成团后再开中火加热，边加热边搅拌均匀。

- 放入的面粉可以均匀吸收水分，让温度提升到可以形成面筋的程度。
- 边搅拌泡芙糊边加热，让泡芙糊温度逐渐升高。

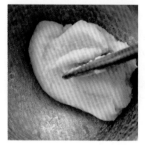

12
锅底形成薄薄的膜之后立刻关火。

- 泡芙糊完成时的理想温度是约80℃，也就是锅底形成薄膜的时候。若温度继续上升，泡芙糊里面的油脂就会渗出。

13
将步骤12倒回碗内，倒入一半蛋液，再用木铲切拌，直至搅拌均匀。

- 开始泡芙糊的温度较高，倒入一半蛋液搅拌后，温度会降低，蛋液也不会凝固。
- 因为泡芙糊难以搅拌，所以要用木铲切拌。等搅拌均匀后，再倒入剩余的蛋液。

14
边将剩余的蛋液一点点倒入，边用木铲搅拌。

- 刚倒入蛋液时，泡芙糊会变硬，但若倒入的蛋液超过了一定量的话，泡芙糊会突然变得松弛。
- 此时并不需要倒入全部蛋液，所以不要1次全部倒入。泡芙糊一旦变得松弛，就很难恢复了。另外，泡芙糊变得松弛后会横向膨胀，不能变高。

15
泡芙糊可从木铲垂下，呈高约10cm的倒三角形就可以了。

- 用木铲舀取足量泡芙糊，观察落下的状态。
- 若泡芙糊质地较硬，就不能很好地膨胀，因此要继续放入蛋液，直到面糊能伸展成高约10cm的倒三角形为止。
- 如果放入2个鸡蛋后，面糊还是较硬，就继续倒入蛋液。如果用了3个以上面糊还硬，就要考虑是不是称重错误或者加热过度了。

16
裱花袋装上直径1cm的圆形裱花嘴，装入泡芙糊，挤出8个直径5.5cm的圆形。

- 挤出的面糊最好能达到人体体温。无须移动裱花嘴的位置，直接挤出一个圆滚滚的泡芙。
- 挤出8个大小、高度基本相同的泡芙皮，这样烘烤后的大小也会比较均匀。

17

手浸湿后轻轻按压每个泡芙皮的尖端。

◉轻轻将尖端按压下去，避免烘烤后尖端凸起。

18

在距离泡芙皮约30cm的地方，用喷雾喷上大量水。

◉用喷雾在泡芙皮表面喷上水，表面干燥需要时间，这样泡芙表面就能慢慢凝固，泡芙也就能膨胀得更大。

19

在预热至200℃的烤箱内烘烤20分钟，再调至180℃烘烤25分钟，最后调至160℃烘烤10分钟。烤好后放在蛋糕架上冷却。

◉开关烤箱门的动作要快，以便保持烤箱内的温度。在烘烤完成前一定不要打开烤箱门。如果在泡芙皮烤好前打开烤箱门，泡芙皮的内外气压出现差别，就会导致泡芙塌陷。

◉6～8月湿度较高，即使烤好的泡芙皮和干燥剂一起保存，第二天也会变软。这时建议做好放凉后立即食用。

装入奶油酱

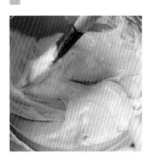

20

将步骤8的卡仕达奶油倒入碗内，取出豆荚，再用橡皮刮刀搅拌至顺滑。

◉和淡奶油混合前，要先将奶油酱搅拌至顺滑，这样后面与淡奶油混合时会更容易。

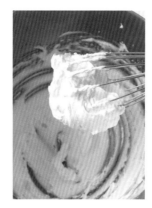

21

在另一个碗中倒入淡奶油，用电动打蛋器打至九分发。

◉打至提起打蛋器时奶油不会掉落的程度即可。关键是要选择乳脂含量40%以上的淡奶油。注意不要打发过度导致水油分离。

◉打发淡奶油时，要将奶油的温度保持在3～5℃，所以碗底一定要浸入冰水。

22

将步骤20倒入步骤21内搅拌均匀。

◉这一步不要再打发。另外，为了保留松软的口感，也不能过度搅拌。

◉卡仕达奶油酱和打发的淡奶油混合做成的奶油酱，叫做卡仕达鲜奶油。

23

裱花袋装上直径1cm的星形裱花嘴，再装入奶油。

◉星形裱花嘴可以挤出美丽的花纹。

◉将裱花袋立在杯子里，这样更方便装入奶油（p7）。

24

在泡芙皮上端1/3处切开，挤入足量奶油，再盖上切下的泡芙皮。

◉奶油刚做好的时候最好吃，所以建议食用前再挤入奶油。可以根据喜好撒上适量糖粉。

◉泡芙皮切开后，还要上下组合，所以注意不要切碎。

卡仕达布丁

这款放入大量鸡蛋的爽弹布丁，
适合搭配焦香诱人的焦糖酱。

当被问到"最喜欢的甜点是什么"时，令人意外的是很多人都会回答"布丁"。然而，我非常理解这种心情。说到布丁，随着时代的变迁，其口感和味道也在变化。但是，我最喜欢吃的还是普通的卡仕达布丁，普通并不意味平凡，只是非常常见。对很多人来说，布丁应该是他们从过去到现在一直很喜欢的甜点吧。

制作布丁的要点之一，就是焦香诱人的焦糖酱。熬煮焦糖关键在于耐心地等待砂糖焦化，即使感觉差不多可以了，也要再多煮一会儿（注意不要太焦）。焦糖酱甜中带苦，风味醇香。浓

厚的鸡蛋与诱人的焦糖相互碰撞，才能呈现出味道完美融合的卡仕达布丁。另外，深褐色的焦糖酱与奶油色的布丁相互映衬，让人食欲大增。多加一个蛋黄味道会更浓郁，再用香草荚增添奢华醇厚的香味，这样的布丁最适合搭配焦香的苦焦糖，比普通的布丁口感丰富。

另一个要点就是火候。要把握好温度和时间，既要让布丁完全凝固，又不能产生气泡。配方中写的温度和时间仅为参考。关键在于制作者必须仔细观察状态，酌情加减火候，使烘烤恰到好处。

❓ 常见的失败案例和原因

［失败案例 ❶］
味道不好

［原因］
➕焦糖酱焦化得不够
→ **参考步骤3、4**

［失败案例 ❷］
布丁里面有气泡

［原因］
➕烤箱温度过高，或者烘烤时间过长
→ **参考步骤10**
➕隔水加热的热水温度过高
→ **参考步骤10**

［失败案例 ❸］
无法凝固

［原因］
➕烤箱温度过低，或者烘烤时间过短
→ **参考步骤10**
➕隔水加热的热水用量过少
→ **参考步骤10**

卡仕达布丁

材料 （容量150mL的布丁模具，4个份）

布丁液

鸡蛋（M号）……	3个
蛋黄（M号）……	1个
牛奶…………	360mL
白砂糖…………	80g
香草荚…………	1/4根

焦糖酱

白砂糖[*1]…………	50g
水…………	2小匙
热水…………	20mL

[*1]
制作焦糖酱时，建议使用纯度较高的白砂糖。

a

在布丁模具内薄薄地抹上一层黄油。

●脱模时，因为模具涂有油脂，可以干净地脱模。在制作焦糖前进行这个操作。用手指薄薄地涂抹一层。

b

用刀纵向剖开香草荚，刮出里面的香草籽。

c

烤箱预热到160℃。

●烤箱要提前充分预热。即使预热后烤箱标示已达到设定温度，但烤箱内部温度可能尚未达标，要继续预热10分钟以上，提前积蓄足够的热量。

制作焦糖酱

1
锅内放入白砂糖和水搅拌均匀，并用中火加热。

◎边晃动倾斜锅，边让砂糖溶解。在完全溶解略微上色前，不要用铲子搅拌。因为搅拌会加速再结晶的过程，形成糖块。

2
白砂糖略微上色后减弱火力。

◎边加热边慢慢晃动锅，让锅内温度变得均匀。

3
完全上色后关火，将热水倒在橡皮刮刀上再流入锅内。

◎糖浆香气袭人，且有些许烟雾升起就代表煮好了。
◎锅内有水蒸气散出，注意避免烫伤。盛热水的容器带把手才比较安全。

4
快速搅拌，完全上色后就做好了。

◎虽然用余热加热颜色也会变深，但因为想要更浓的焦香，所以要煮成略深的颜色。

5
将糖浆均匀地倒入模具内，放凉后放入冰箱冷藏。

◎倒入布丁液时，如果焦糖酱温度较高，容易和布丁液混在一起。

制作布丁液

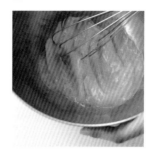

6
碗内放入蛋液和蛋黄，用打蛋器搅拌均匀。

◎因为混入了空气，无法搅拌至顺滑，所以关键是将蛋液搅拌均匀，不需要打发。
◎鸡蛋的分离方法参考p6。

7
小锅内放入牛奶、白砂糖、香草荚和香草籽，并搅拌均匀。用小火加热至接近沸腾。

◎香草荚的香气非常浓烈，所以要一起放入提香。
◎如果牛奶温度过高，和蛋液搅拌时蛋液容易凝固，所以不要加热至沸腾。而且过度加热的牛奶会结皮，这样乳脂会减少。

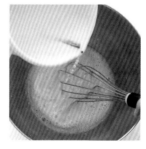

8
将步骤7的牛奶一点点倒入步骤6的蛋液内搅拌。

◎一点点倒入牛奶，这样蛋液就不会凝固。

9
搅拌均匀后过滤1次，再等量倒入步骤5的布丁模具中。

◎用滤网过滤，让布丁质地更顺滑。
◎过滤时，倒入带有注水口的碗内，这样之后倒入布丁模具时更方便。

隔水蒸烤

10

方盘内铺上毛巾，注入60℃的热水，深度约为2cm。在预热至160℃的烤箱中隔水蒸烤50～55分钟。放凉后盖上保鲜膜，放入冰箱冷藏。

●铺上毛巾，热量就变得更温和，布丁里就不容易产生气泡。但如果热水温度过高，也可能导致气泡的产生。

●这是一款需要慢慢蒸烤、质地较硬的布丁。

●布丁表面富有弹性，摇晃模具也不会出现抖动，就算烤好了。

●放凉后味道会更好，甜度恰到好处，所以建议放凉约半天后再食用。

11

沿着模具边缘，用手指按压布丁表面一圈。

●这样是为了让空气进入模具和布丁之间。

●若难以脱模，可以在模具和布丁之间插入刀子划一圈。

12

将容器倒扣，用手托住布丁再放在盘子上。

关于布丁模具

　　布丁模具按照大小、形状和材质分为不同的种类。购买的时候，可以多关注模具的形状。虽然大家可能会觉得"既然容量相同，那形状怎么样都可以吧"。但我个人感觉，即使容量相同，用较高的模具制作的布丁会更美观。矮胖的布丁和瘦高的布丁放在盘子上时，会呈现不同的感觉，按个人喜好选择模具即可。另外，烤箱的个体差异，以及模具的尺寸、形状和材质都会影响加热的效率。以配方中的烘烤温度和时间作为参考，通过实际观察烘烤的状态酌情调整。材质方面，建议使用价格便宜、热传导性能好的铝质模具。

创新 法式布丁

一起来尝试做一下茶餐厅的经典甜点——法式布丁吧。这是一款偏硬的经典布丁，非常适合搭配香草冰激淋或者水果。如果放在高脚的椭圆形玻璃碗中，布丁看起来会更加华丽。

材料和做法

1
100mL淡奶油中放入1小匙白砂糖，用电动打蛋器打至八分发。
◉淡奶油准备方便操作的分量。

2
布丁和冰激淋、水果自由在盘子内组合。
◉这里使用的是香草冰激淋、香蕉、猕猴桃、草莓、哈密瓜、桃子和樱桃罐头。相互堆积得紧密些，更能凸显立体感。

3
在裱花袋内装上星形裱花嘴，装入步骤1的奶油裱花。摆上薄荷叶，用棒状点心装饰。

香草舒芙蕾蛋糕

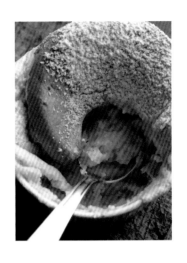

一定要趁热品尝这款松软的甜点。为了让舒芙蕾完全膨胀，要一步步认真操作。

经常被问到做哪款甜点最开心，我最先想到的就是舒芙蕾。总觉得舒芙蕾在烤箱中慢慢膨胀的样子，就像被施了魔法。虽然人们普遍认为舒芙蕾很难做，其实并非如此。只要认真打发蛋白霜，舒芙蕾就可以膨胀起来（但是，想膨胀得又直又美的确很难）。

刚烤好的舒芙蕾非常好吃。其实可以吃到舒芙蕾的店并不多，即使菜单上有，店家也会提示"需要等待30分钟以上"。舒芙蕾不能提前做好，这让店家觉得麻烦又无奈。所以，还是在家里尝试做这款甜点吧。

想要做出好吃的舒芙蕾，关键是提前准备。虽然对烘焙来说提前准备是不容小觑的工作，但在这里尤为重要。"如行云流水般不间断地操作"，这样的状态最为理想。首先，完成称重，备齐工具，预热好烤箱。然后，反复研读配方，做到即使不看书也能在脑海中模拟整个流程。最后，烘烤前绝不打开烤箱门。还要保证烤好前3分钟客人们已经就座，因为刚做好的舒芙蕾禁不起"等待"，一定要在舒芙蕾刚出炉的时候品尝，此时真的是色香味俱全。

？ 常见的失败案例和原因

[失败案例 ❶]
蛋白霜无法打发

[原因]
➕混入了油分（蛋黄）

→参考提前准备d、步骤9

➕放入砂糖的时间过早

→参考步骤10

[失败案例 ❷]
舒芙蕾没有膨胀

[原因]
➕蛋白霜打发不够

→参考步骤9、10

➕蛋糕糊过度搅拌

→参考步骤11、12

➕烤箱预热不够

→参考提前准备e

[失败案例 ❸]
舒芙蕾塌陷

[原因]
➕烘烤完成前打开了烤箱门

→参考步骤16

香草舒芙蕾蛋糕

材料 （直径9cm的蒸碗，2个份）

蛋黄（M号）	2个
白砂糖A	25g
低筋面粉	15g
牛奶	110mL
香草荚	1/4根
无盐黄油	10g
君度酒	1大匙
蛋白（M号）	2个
白砂糖B	20g
糖粉	酌情添加

提前准备

a

蒸碗抹上一层化开的黄油（分量外），再裹上一层白砂糖（分量外）。

◉用刷子将黄油从下往上涂满蒸碗。然后，将白砂糖倒入蒸碗内，一边旋转一边让侧面和边缘裹上白砂糖。最后拍打蒸碗，抖落多余的白砂糖。

◉用白砂糖做装饰，虽然简单，效果却极佳。

b

低筋面粉过筛1次。

◉将面粉倒入网目较粗的粉筛，从较高的位置过筛。这样除了能去除粉块，还能在面粉中混入空气，混合时会更容易搅拌。

c

用刀纵向剖开香草荚，刮出里面的香草籽。

d

鸡蛋冷藏至使用前，将蛋黄和蛋白分离。

◉用冷藏后的蛋白打发的蛋白霜纹理更细腻，状态更稳定。

◉分离后蛋黄容易干燥，表面的薄膜容易凝结，所以要使用前再分离。

◉鸡蛋的分离方法参考p6。

e

烤箱预热到190℃。

◉烤箱要提前充分预热。即使预热后烤箱标示已达到设定温度，但烤箱内部温度可能尚未达标，要继续预热10分钟以上，提前积蓄足够的热量。

做法

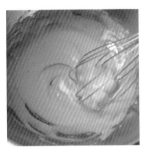

1

碗内放入蛋黄和白砂糖，用打蛋器搅拌至颜色发白。

◎搅拌至颜色发白，并混入空气后，才能进行下一个步骤。之后倒入的热牛奶可以起到缓冲作用，温和地传导热量，防止蛋黄受热凝固。

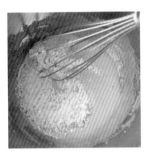

2

放入低筋面粉搅拌至顺滑。

◎如果过度搅拌，低筋面粉会产生面筋，所以以搅拌至顺滑状态就可以了。

3

小锅内放入牛奶、香草籽和豆荚，再用小火加热至接近沸腾。

◎豆荚比香草籽香味更浓烈，放入一起煮可以提香。

◎若牛奶温度过高，倒入蛋黄糊时蛋黄可能会凝固，所以不要加热至沸腾。而且过度加热的牛奶会结皮，乳脂含量会减少。

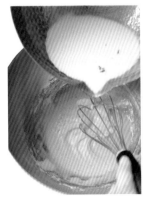

4

将步骤3的牛奶多次少量地倒入步骤2内搅拌。

◎要多次少量地倒入牛奶，这样蛋黄就不会凝固。

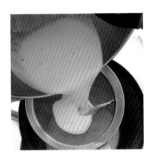

5

搅拌好后再过滤回锅内。

◎用滤网过滤，这样成品口感会更顺滑。

6

一边用小火加热步骤5，一边搅拌至黏稠。

◎一定要边搅拌边加热，让蛋黄糊均匀受热。要一口气搅拌至黏稠，必须要持续搅拌。

◎这里使用圆底锅，可以用打蛋器搅拌，使用其他形状的锅时，打蛋器搅拌不到的地方可以改用橡皮刮刀。

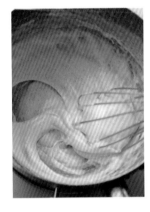

7

搅拌至黏稠状态后，边搅拌边加热约30秒，使淀粉失去黏性。

◎加热能消除面粉和鸡蛋的气味。

◎搅拌至黏稠后继续边搅拌边加热，使淀粉失去黏性，蛋黄糊也会从较硬的状态，变得略微细滑。

◎要尽量快速、持续地搅拌，以免蛋黄糊焦煳。

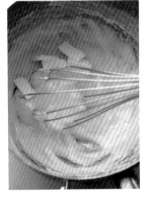

8

关火后放入黄油搅拌至溶化，再倒入君度酒继续搅拌，然后全部倒回碗内。

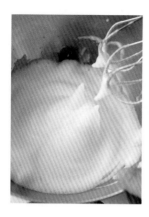

9

在另一个碗中放入蛋白，用电动打蛋器打至有小角立起。

◉要使用没有污渍和水渍的碗，注意不要有油分，油分会影响打发效果。蛋黄也含有油分，所以即使混有少量蛋黄，也做不出质地硬实的蛋白霜。

◉蛋白霜的气泡越大，就会膨胀得越大，这样反而容易塌陷。气泡纹理细腻均匀，才是理想的打发状态。

◉开始不要放入砂糖。放入砂糖虽然能使气泡保持稳定的状态，但因为有了黏性，也会更难打发。

10

将白砂糖分2次放入，打至有直角立起的状态。

◉虽然要打发出硬实的蛋白霜，但也不能打发过度。如果打至干性状态，后面会难以混合。另外，膨胀得越大，烘烤时就越容易出现大的塌陷。

◉中间不能停止打发。一旦中断，之后不管再怎么打发，由于蛋白质的状态已经变化，也很难打发了。

11

将1/3步骤10中打发好的蛋白霜放入步骤8内，用打蛋器搅拌均匀。剩余的蛋白霜再分2次放入，同样要搅拌均匀。

12

改用橡皮刮刀，从底部翻拌直至面糊均匀混合。

◉过度搅拌会影响膨胀，但是不搅拌均匀，也无法垂直膨胀。另外，如果蛋白霜消泡就说明打发过了。

13

将蛋糕糊倒入蒸碗中。

14

用抹刀将表面抹平。

◉将表面抹平后，烘烤时可以垂直膨胀。

15

用手指擦去蒸碗边缘的蛋糕糊。

◉在蛋糕糊和蒸碗之间留下缝隙，烘烤时可以更好地膨胀。

16

在预热至190℃的烤箱内烘烤20～25分钟，烤好后筛上糖粉便立即食用。

◉在烤好之前绝不能打开烤箱门，不然容易导致蛋糕塌陷。

◉烘烤时间不同，蛋糕的口感也会不同：烘烤20分钟略黏稠，25分钟略松软。

◉若使用电烤箱，舒芙蕾会垂直膨胀。若使用燃气烤箱，因为有风扇，所以膨胀会略微倾斜。

◉做好后立刻端上餐桌！舒芙蕾美丽的膨胀状态，只能维持从烤箱出来后的30～60秒。

创新 香草舒芙蕾蛋糕搭配英式奶油酱

经典的香草舒芙蕾，一定要淋上英式奶油酱享用。英式奶油酱比卡仕达奶油酱口感清爽。虽然舒芙蕾直接吃就很好吃，但淋上英式奶油酱后，更能凸显舒芙蕾的味道。

材料（方便制作的量）

蛋黄（M号）	2个
白砂糖	45g
牛奶	180mL
香草荚	1/4根

酱汁的做法

1

碗内放入蛋黄和白砂糖，用打蛋器搅拌至颜色发白。

○搅拌至颜色发白，并混入空气，才能进行下一个步骤，之后倒入的热牛奶可以起到缓冲作用，温和地传导热量，防止蛋黄受热凝固。

2

刮出香草荚里面的香草籽。小锅内放入牛奶、香草籽和豆荚，小火加热至接近沸腾。

○香草荚香味更浓烈，一起放入锅中煮可以提香。

○若牛奶温度过高，倒入蛋黄糊时蛋黄可能会凝固，所以不要加热至沸腾。而且过度加热的牛奶会结皮，乳脂含量会减少。

3

将步骤2多次少量地倒入步骤1内搅拌，均匀混合后过滤回小锅内。

○要多次少量地倒入，以免蛋黄凝固。

4

用小火加热步骤3，搅拌至黏稠。

○为了让酱汁均匀受热，一定要边搅拌边加热。但不需要加热到像卡仕达奶油酱般黏稠。放凉后就可以食用了。

食用方法

趁热敲碎香草舒芙蕾，淋上酱汁食用。英式奶油酱放入冰箱冷藏，可以保存约2天。

提拉米苏

用马尔萨拉酒制作提拉米苏才算正宗。做好后充分静置，让手指饼干和奶油完美融合。

在日本，提拉米苏是刚流行不久的人气甜点，而在发源地意大利则是传统的经典甜点。奶油甜点中我最喜欢的就是提拉米苏，就算已经吃得很饱，如果甜点里有提拉米苏，也会毫不犹豫地点一份。马斯卡彭奶酪的口感如奶油般丝滑，搭配微苦的咖啡糖浆，形成鲜明的对比，我非常喜欢这种组合。

制作甜点时，材料里会经常出现利口酒。虽然不放利口酒也可以，但是香气和味道会有很大变化。即便是个人喜好，只要品尝了加入利口酒的甜点，再吃没加的，便会觉得不完美。

提拉米苏中加入的马尔萨拉酒，就是这样不可或缺的材料。马尔萨拉酒是用葡萄酒制作的葡萄味利口酒，是制作正宗提拉米苏的必备材料。正因为有了这种甜蜜幽深的香气，提拉米苏的味道才算得上完美。虽然这种酒用量很少，但一定要尝试用其做一次提拉米苏。

做好的提拉米苏要充分静置，这是美味的关键。手指饼干会因吸收了马尔萨拉酒和奶酪奶油酱的水分而变得绵润，奶油反而会因失去水分而变得醇厚。当奶油、糖浆和饼干完美融合的时候，就是最佳的品尝时机。

❓ 常见的失败案例和原因

[失败案例 ❶]
蛋白霜无法打发

[原因]
✦混入油分（蛋黄）
➡ 参考提前准备、步骤6
✦放入砂糖的时间过早
➡ 参考步骤7

[失败案例 ❷]
味道没有融合

[原因]
✦烤好后没有充分静置
➡ 参考步骤12

提拉米苏

材料（内尺寸20.8cm×16.5cm×6.3cm的容器，1个份）

糖浆
热水	200mL
速溶咖啡	4大匙
白砂糖A	30g
白兰地	1大匙

奶酪奶油酱
A	蛋黄（M号）	3个
	白砂糖B	30g
	马尔萨拉酒*1	40mL
马斯卡彭奶酪		250g
淡奶油		100mL
蛋白（M号）		2个
白砂糖C		30g

手指饼干*2	约30根
可可粉	适量

*1
制作提拉米苏必不可少的意大利餐后甜酒，带有葡萄的香甜。

*2
欧洲人做提拉米苏时，用的也是BAMBINI饼干。这种饼干质地轻盈酥脆，容易吸入糖浆。

提前准备

鸡蛋冷藏到使用前，将蛋黄和蛋白分离。

◉用冷藏后的蛋白打发的蛋白霜纹理更细腻，状态更稳定。

◉分离后蛋黄容易干燥，表面的薄膜容易凝结，所以要使用前再分离。

◉鸡蛋的分离方法参考p6。

做法

1

容器内倒入做糖浆需要的材料，搅拌均匀后冷藏静置。

2

碗内倒入A，用电动打蛋器轻轻打发。隔水加热，打发至颜色发白、体积膨胀。

◉较大的平底锅内倒入水加热到60℃后，将碗底浸入锅中。

◉蛋黄中的脂肪成分会影响打发，但当温度升高后，会减弱液体表面的张力，变得更容易打发。

3
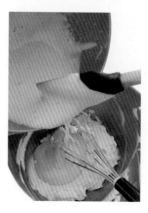
在另一个碗中放入马斯卡彭奶酪，用打蛋器搅拌至顺滑。再多次少量地放入步骤2并搅拌均匀。

4

在另一个碗中倒入淡奶油，用电动打蛋器打至八分发。

◦提起打蛋器时，有小角立起就是八分发了。

◦打发淡奶油时，将淡奶油的温度保持在3～5℃，碗底一定要浸入冰水。若温度较高，会影响淡奶油的状态。

5

将步骤4的淡奶油倒入步骤3内搅拌。

◦先用打蛋器粗略搅拌，然后改用橡皮刮刀从底部大幅度翻拌。

6

在另一个碗中放入蛋白，用电动打蛋器打至有小角立起。

◦要使用没有污渍和水渍的碗，注意不能有油分，否则会影响打发效果。蛋黄含有油分，所以即使混入了少量蛋黄，也做不出质地硬实的蛋白霜。

◦开始不要放入砂糖。放入砂糖虽然有助于气泡保持稳定的状态，但因为有了黏性，会更难打发。

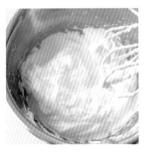

7

分2次放入白砂糖C，然后打至有小角立起。

◦虽然要打发出质地硬实的蛋白霜，但要注意不能打发过度。如果打至干巴巴的状态，会更难以混合。

◦打发的过程不能中断。一旦中断，不管后面再怎么打发，由于蛋白质的状态已经发生了变化，也很难再打发了。

8

将1/3步骤7中打发好的蛋白霜放入步骤5内，用打蛋器搅拌均匀。

9

剩余的蛋白霜再分2次放入，都要搅拌均匀。

◦先用打蛋器将蛋白霜中的大气泡搅碎，搅拌均匀后改用橡皮刮刀从底部切拌，以避免消泡。如果这一步中蛋白霜变硬且出现了消泡现象，就说明打发过度了。

10

容器内铺上一半饼干，淋上一半步骤1中做好的糖浆。

◦静置一会儿，等待饼干与糖浆融合。

11

把一半步骤9中的奶油倒在饼干上，用刮刀抹平。再依次放入剩余的饼干、糖浆和奶油并抹平。

12

给蛋糕覆上保鲜膜，冷藏静置约半天。食用前撒上可可粉。

◦充分静置蛋糕，等待蛋糕味道融合。

◦虽然有不会被水浸湿的可可粉，但味道和口感要差多，所以不建议使用。

雪球饼干

这款饼干入口香脆，充满诱人的坚果香。烘烤前充分静置面团，会让饼干变得更酥脆。

迄今为止，我做过最多的饼干就是雪球饼干。除了自己喜欢之外，作为礼物送给别人时，也总是收到"好喜欢这种饼干！好开心"之类的评价。

这款饼干最大的魅力就是入口时香脆的口感。我用杏仁粉增添香味，用玉米淀粉增加酥松感。一般会在雪球饼干里加入杏仁，但我比较喜欢核桃，所以本书的配方中用的是核桃。如果能买到碧根果，做出来的饼干便会更醇厚浓郁。

饼干被糖粉包裹，圆滚滚的外形可爱又雅致。这种饼干宜做小不宜做大，小巧一些更显

品味。制作时不能单凭感觉将面团揉成一个个小面球，而要逐一称重再揉圆。虽然有些麻烦，但多做几次就对分量有感觉了。大小相同的饼干不仅外观漂亮，烘烤时也能均匀受热，做好后可以排列得非常整齐。另外，将揉圆的小面球放入冰箱冷藏静置，烤好的饼干就会更酥松，形状也不会变得扁平。

这次做的饼干除了经典的香草口味，还有可可、抹茶、草莓等各种口味。只是稍微改变材料的配比，做法相同，非常简单。这款饼干直接吃就很美味，放入冰箱冷藏后风味更佳。

？ 常见的失败案例和原因

[失败案例 ❶]
颜色不均匀

[原因]
✚没有逐个称重
→参考步骤5
✚烘烤期间没有旋转烤盘
→参考步骤6

[失败案例 ❷]
饼干裂开

[原因]
✚触碰了烤完后还没冷却的饼干，或操作时太用力
→参考步骤7

雪球饼干

材料（约35个份）

香草

无盐发酵黄油[*1]	80g
糖粉[*2]	20g
香草油	4～5滴
核桃[*3]	30g
A 低筋面粉	50g
玉米淀粉	50g
杏仁粉	50g
糖粉	适量

◉**可可味**
将上述材料中的"50g玉米淀粉"换成"30g玉米淀粉+20g可可粉"。

◉**抹茶味**
将上述材料中的"50g玉米淀粉"换成"30g玉米淀粉+20g抹茶粉"。

◉**草莓味**
在上述装饰用的糖粉内放入适量冻干草莓粉。和糖粉搅拌均匀后撒在饼干上，颜色会非常均匀。

[*1]
烘烤这款甜点一定要用发酵黄油，和使用普通黄油做出的甜点味道截然不同。

[*2]
为了让饼干酥松，要使用糖粉。若使用绵白糖，成品口感会变得绵润且容易受潮；若使用白砂糖，容易留下口感粗糙的糖粒。

[*3]
虽然雪球饼干中一般加入的是杏仁，但我更喜欢核桃（或者碧根果），所以这个配方用的是核桃，您也可以用杏仁代替。

▌提前准备

a

黄油要在使用前30～60分钟时，放在室温下静置软化。

◉黄油静置到能用手按压的程度，太硬或者太软，打发时都不能混入足够的空气。这里黄油最佳的使用温度在20℃左右。如果黄油完全熔化，改变了黄油的分子结构，就不能复原了。

◉天热时黄油短时间内就会熔化，要快速操作。天冷时室温达不到软化的程度，可以将黄油切成小块，隔水加热到约40℃，或者用微波炉小火力加热，每加热30秒就观察一下状态。

b

将A混合均匀后过筛2次。

◉将各种粉类倒入粉筛，从较高的位置过筛。这样除了能去除粉块，也能让粉类混入空气，混合时更容易搅拌。
◉不同的粉类混合后过筛2次，就不会搅拌不匀了。

c

将核桃烘烤后切碎。

做法

1
碗内放入黄油，用橡皮刮刀搅拌成奶油状。
- 为了不结块，先用橡皮刮刀搅拌至顺滑。

2
放入糖粉继续搅拌至顺滑，然后倒入香草油搅拌。
- 这里无须完全搅拌均匀，搅拌至顺滑就可以。

3
放入核桃粗略搅拌一下，再将一半A过筛放入，搅拌至看不到生粉。
- 先放入一半的A，且要过筛放入，这样更容易搅拌均匀。

4
将剩余的A过筛放入，搅拌至看不到生粉，最后用手揉成团。

5
将面团按每份8g称好并揉圆。都揉好后，盖上保鲜膜，冷藏静置约1小时。
- 揉好的小面球大小相同，不仅外形美观，而且受热均匀，更美味。虽然有些麻烦，但也要逐个称重。
- 小面球放入冰箱冷藏后会变硬，所以冷藏前要先整形。

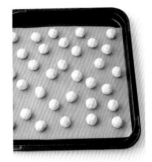

6
烤箱预热到150℃。烤盘内铺上油纸，放上步骤5中的小面球，用150℃烘烤约35分钟。烤好后留在烤盘上放凉。
- 烤箱要提前预热好。即使预热完成，仍要继续预热10分钟以上，积蓄足够的热量。
- 面团经过烘烤后会膨胀，摆放时要留有一定间隔。
- 烤箱内的区域不同，温度也会不同，烘烤时间过半后，要旋转烤盘，这样就不会受热不均了。旋转时要快速操作以免温度下降。
- 刚烤好的饼干酥脆、易碎，最好不要触碰，要先留在烤盘上放凉。

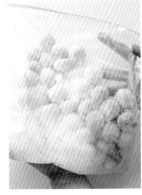

7
趁饼干温热时放入保鲜袋，裹上糖粉。
- 饼干容易破碎，所以关键是慢慢裹上糖粉。
- 在饼干温热时裹糖粉，这样糖粉会薄薄地附在饼干上。饼干太热时裹上的糖粉较厚，完全放凉就裹不上糖粉了。
- 如果有香草荚，将香草籽和糖粉混合，能增添香草的香气，饼干会显得更高级。

酥饼

清爽的柠檬饼干裹上酸甜可口的糖衣，双重柠檬才够味。

这款酥饼看起来像原味饼干，吃一口就能感受到浓郁的柠檬味。放入柠檬汁和柠檬皮碎，做出酸爽的口感。直接吃就非常美味，最后再涂上酸甜可口的糖衣，让味道和外观都上一个档次。

制作糖衣要经过烘烤→冷却→烘烤→干燥的过程，虽然需要时间，却能让饼干拥有更浓郁的柠檬香气和味道，糖衣呈现出雾面玻璃般的质感，也让外观更美丽。

这里还特别介绍了放入草莓粉的糖衣。草莓粉混入柠檬汁更凸显了柠檬的味道。将红白两色饼干组合做成礼物送人，对方一定会很开心。

想要做出口感酥松的饼干，不要用绵白糖和白砂糖，而要用糖粉。就所有饼干而言，加入绵白糖口感会变得绵润，加入白砂糖则可能残留砂糖的颗粒。看似差不多的砂糖，其实各有特点，了解它们的特点并且知道它们分别适合用来制作哪种甜点，才算步入甜点高手的行列。

❓ 常见的失败案例和原因

[失败案例 ❶]
口感不酥松

[原因]
✚ 黄油熔化过度
→ 参考提前准备a
✚ 放入粉类后搅拌过度
→ 参考步骤4、5
✚ 面团没有充分静置
→ 参考步骤6
✚ 面团松弛
→ 参考步骤8
✚ 预热不够，烘烤温度过低
→ 参考步骤7、10

[失败案例 ❷]
烘烤时膨胀过度

[原因]
✚ 面团没有充分静置
→ 参考步骤6
✚ 预热不够，烘烤温度过低
→ 参考步骤7、10

酥饼

材料 （直径约5cm的菊花模具，30～35个份）

◎柠檬味
酥饼面团

无盐发酵黄油[*1]	…………	100g
糖粉[*2]	…………	50g
蛋黄（M号）	…………	1个
柠檬汁	…………	2大匙
柠檬皮碎[*3]	…………	1/2个的量
A ┃ 低筋面粉	…………	150g
┃ 杏仁粉	…………	50g

糖衣

糖粉	…………	100g
柠檬汁	…………	25g

◎草莓味
在糖衣的糖粉内放入2g冻干草莓粉并均匀混合，再倒入柠檬汁。

[*1]
烘焙这款甜点一定要用发酵黄油，和使用普通黄油做出的甜点味道截然不同。

[*2]
为了让饼干酥松，要使用糖粉。若使用绵白糖，饼干口感会变得绵润且容易受潮；若使用白砂糖，容易留下口感粗糙的糖粒。

[*3]
使用柠檬皮时，建议选择未用农药和未打蜡的有机柠檬。

▌ 提前准备

a
黄油要在使用前30～60分钟时，放在室温下静置软化。

◎静置到能用手按压的程度。太硬或者太软，打发时都不能混入足够的空气。这里黄油的最佳使用温度在20℃左右。如果熔化过度，改变了黄油的分子结构，就不能再复原了。

◎天热时黄油短时间内就会熔化，要快速操作。天冷时室温达不到软化的程度，可以将黄油切成小块隔水加热到约40℃，或者用微波炉小火力加热，每加热30秒就观察一下状态。

b
将A混合均匀后过筛2次。

◎将A的粉类倒入粉筛，从较高的位置过筛。这样除了能去除粉块，也能让粉类内混入空气，混合时容易搅拌。
◎不同的粉类混合后过筛2次，就不会搅拌不匀了。

▌ 做法

1
碗内放入黄油，用橡皮刮刀搅拌成奶油状。

◎为了不结块，首先用橡皮刮刀搅拌至顺滑。

2
放入糖粉继续用打蛋器搅拌至顺滑。

◎这里无须完全搅拌均匀，搅拌至顺滑就可以。

3

放入蛋黄，搅拌至顺滑，再一点点倒入柠檬汁，每次都搅拌至顺滑。

○鸡蛋的分离方法参考p6。
○由于柠檬汁难以和油脂较多的材料混合，所以要分3次放入，每次都要搅拌均匀。

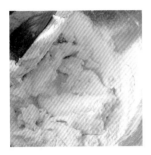

4

放入柠檬皮碎搅拌。将A的一半过筛放入，用橡皮刮刀搅拌至看不见生粉。

○先放入一半粉类，注意要过筛放入，这样更容易搅拌。

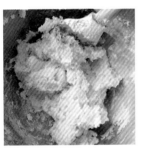

5

剩余的A也过筛放入，搅拌至看不见生粉，最后用手揉成团。

6

将面团分两半压平，再用保鲜膜包裹冷藏静置1小时以上。

○静置时，面团含有的粉类、水分和油分因融合而变得稳定。
○为了之后的步骤容易操作，要将面团分两半压平再冷藏。

7

烤箱预热到170℃。案板和面团撒上高筋面粉，用擀面杖将面团擀成5mm厚。

○烤箱要提前预热好。烤箱完成预热后，仍要继续预热10分钟以上，积蓄足够的热量。
○若面团过硬，要常温静置一会儿。
○使用切片辅助器（p109）使面团厚度均匀。

8

压出菊花形的饼干坯。

○这一步要快速操作。面团较硬时更容易操作，但这种状态难以保持长久。
○压模后将剩余的面团再次揉圆擀平，再用压模压出形状。若面团变软，可以放入冰箱冷藏一下。

9

烤盘内铺上油纸，摆上饼干。

○面团经烘烤后会膨胀，容易粘连，所以摆放时互相间要留有间隔。
○烤盘的边缘大多火力较强，所以摆放饼干时要避开边缘。

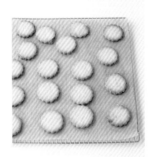

10

烤箱预热至170℃后，烘烤15～20分钟。烘烤后放在蛋糕架上放凉。

○烤箱内的位置不同，温度也会不同，烘烤时间过半后旋转烤盘，就不会受热不均了。旋转时要快速操作以免烤箱内温度下降。
○连同油纸一起移到蛋糕架上放凉。

11

放凉后，将糖衣的材料搅拌均匀再用刷子涂在饼干上。烤箱预热到200℃，加热1分钟，使饼干表面干燥。

○若糖衣过稀，会容易滴落，所以要边观察状态边搅拌。
○烘烤后，不要触碰饼干，等待表面凝固。

钻石饼干

饼干酥脆的口感中带着白砂糖的颗粒感。制作的关键在于使用发酵黄油。

这款饼干的名称源于法语 Diamant，英语是 Diamond，意为钻石，因饼干侧面粘着闪闪发亮的白砂糖而得名。

由于黄油用量较多，所以要将面团先放入冰箱冷藏凝固，变硬后再切开烘烤，由此得名冰箱饼干。由于不含蛋液，所以黏性较差，但会有酥脆的口感。放入大量抹茶粉制作的抹茶味饼干香气浓郁，味道略苦，带有成熟的风味。裹在侧边的白砂糖不仅看起来漂亮，也让口感更丰富。制作时先用手搓圆面团，再用尺子调

整成美丽的圆柱形。分切时要充分冷却，注意不要太用力，以免饼干破碎。

稍微改变粉类的成分和比例，就可以做出不同味道的饼干。除了基础的抹茶饼干，还可以做柠檬和红茶饼干。

这款饼干的面团中含有较多黄油，若使用发酵黄油制作，会让味道变得更好。芳香醇厚的发酵黄油非常适合饼干等烘烤类甜点。虽然价格比普通黄油略高，但为了做出美味的饼干，一定要尝试一下。

? 常见的失败案例和原因

[失败案例 ❶]
口感不酥脆

[原因]
➕黄油熔化过度

→参考提前准备 a

➕放入粉类后搅拌过度

→参考步骤 4、5

➕面团没有充分静置

→参考步骤 7

➕预热不够，烘烤温度过低

→参考步骤 8、11

[失败案例 ❷]
饼干不够圆

[原因]
➕未使用尺子整形

→参考步骤 6

➕切开后未整形

→参考步骤 10

钻石饼干

材料 （25 ~ 30个份）

◦ 抹茶味

无盐发酵黄油 [*1]	100g
糖粉 [*2]	40g
牛奶	2小匙
A | 低筋面粉	120g
| 抹茶粉	20g
白砂糖	适量

◦ 红茶味

将上述材料A（120g低筋面粉+20g抹茶粉）用160g低筋面粉代替，步骤4放入低筋面粉时，放入5g红茶。如果使用茶包，直接放入就可以；如果是茶叶，要切碎放入。可以选择自己喜欢的茶叶，建议使用格雷伯爵红茶、阿萨姆红茶、金佰莱红茶等。

◦ 柠檬味

将上述材料A（120g低筋面粉+20g抹茶粉）用160g低筋面粉代替，将2小匙牛奶用2小匙柠檬汁代替。步骤4放入低筋面粉时，放入1/2个柠檬皮碎。

*1
烘烤这款甜点一定要用发酵黄油，和使用普通黄油做出的甜点味道截然不同。

*2
为了让饼干酥松，要使用糖粉。若使用绵白糖，饼干口感会变得绵润且容易受潮；若使用白砂糖，容易留下口感粗糙的糖粒。

提前准备

a

黄油要在使用前30 ~ 60分钟时，放在室温下静置软化。

◦黄油静置到能用手按压的程度，太硬或者太软，打发时都不能混入足够的空气。这里黄油的最佳使用温度在20℃左右。如果化得太软，改变了黄油的分子结构，就不能复原了。

◦天热时黄油短时间内就会熔化，要快速操作。天冷时室温达不到软化的程度，可以将黄油切成小块，再隔水加热到约40℃，或者用微波炉小火力加热，每加热30秒就观察一下状态。

b

将A均匀混合后过筛2次。

◦将A的粉类倒入粉筛，从较高的位置过筛。这样除了能去除粉块，也能让粉类内混入空气，混合时更容易搅拌。

◦不同的粉类混合后过筛2次，就不会搅拌不匀了。

做法

1

碗内放入黄油，用橡皮刮刀搅拌成奶油状。

◦为了不结块，先用橡皮刮刀搅拌至顺滑。

2

放入糖粉继续用打蛋器搅拌至顺滑。

◦这里无须完全搅拌均匀，搅拌至顺滑就可以。

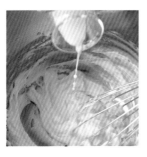

3

一点点倒入牛奶，搅拌至
顺滑。

◦牛奶和黄油较难混合，所
以要分3次放入，每次都要
搅拌均匀。

4

将A的一半过筛后加入，
用橡皮刮刀搅拌至看不见
生粉。

◦先放入一半的A，注意要过
筛，这样更容易搅拌。

5

剩余的A过筛后加入，搅
拌至看不见生粉，最后用
手揉成面团。

6

将面团分两半揉成棒状。
用油纸包裹，再用尺子固
定。

◦一边用手拉住油纸（如图
所示），一边用尺子紧紧压住
面团并向前卷，用这种方式
将面团卷成棒状。

7

将边缘整平后，用保鲜膜
包裹，冷藏静置2小时。

◦反复将边缘整平，做成直径
3cm、长16～17cm的棒状。

◦静置时，面团中的粉类、水
分和油分因融合而变得稳定。

8

烤箱预热到170℃。用拧
干的毛巾擦拭面团周围，
再裹上白砂糖。

◦提前预热好烤箱。烤箱预
热完成后，仍要继续预热10
分钟以上，积蓄足够的热量。

◦将白砂糖倒入方盘里，放
入面棒来回滚动，以便裹上砂
糖。选择颗粒较大的白砂糖，
这样能增加成品的闪亮度。

9

将步骤8的面棒切成1cm
厚。

◦切成厚度均匀的小面饼，
这样可以均匀受热。

10

整理成圆形。

◦切开时若形状被破坏，要
再整理成圆形，同时将砂糖
按压进面饼里。

11

烤盘内铺上油纸，烤箱预
热至170℃后烘烤15～20
分钟。烘烤后放在蛋糕架
上放凉。

◦饼干烘烤后会膨胀，容易
粘连，所以摆放时相互之间
要留有间隔。

◦烤盘的边缘大多火力较强，
所以摆放饼干时要避开边缘。

◦烤箱中的不同位置，温度
也会不同，烘烤时间过半后，
旋转烤盘，就不会受热不均
了。旋转时要快速操作，以
免烤箱内温度下降。

◦连同油纸一起移到蛋糕架
上放凉。

玛德琳

制作玛德琳的关键在于充分静置面糊，然后用高温一气呵成完成烘烤。选择漂亮的模具，烤出来的蛋糕也好看。

玛德琳的做法其实非常简单，既不用打发，也不用担心材料分离，只须将材料依次放入搅拌，静置后烘烤就可以了。制作的关键在于充分静置面糊，再用高温一气呵成烘烤放凉的面糊，使蛋糕中间膨胀形成"肚脐"。放入蜂蜜的面糊虽然口感绵润，但容易烤焦，所以要小心操作。

玛德琳非常适合作为下午茶点心，也很适合做成礼物送人。从很久之前我就被玛德琳高雅的形状深深吸引，它很好地诠释了法式甜点的优雅与古典。直接放在盘子里，或者放入袋子里系上蝴蝶结，都非常漂亮。

我从小就喜欢做甜点，用过很多种模具。但是，自从用了现在用的玛德琳模具（p80），我对烘烤模具的观念就改变了。好的模具不仅烘烤后可以干净地脱模，热传导性也非常棒，有利于蛋糕膨胀，让成品更美观。由此可见，做不出漂亮的甜点，有自己水平的原因，也可能是工具的原因！像玛德琳这种需要模具整形的甜点，模具本身的形状非常重要。纵横的比例、弧度、线条的粗细，只要略微不同，甜点的外观就会改变。好模具不易损坏，也很难破裂，所以，一定要花时间选择自己喜欢的模具。

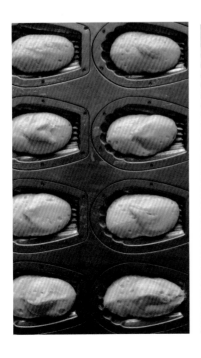

❓ 常见的失败案例和原因

[失败案例 ❶]
没有形成"肚脐"

[原因]
✚面糊没有充分冷藏静置

→参考步骤4

✚模具内倒入太多面糊 →参考步骤7

✚预热不够，没有预热烤盘

→参考步骤5

✚烘烤温度过低 →参考步骤8

★可可或者抹茶面糊较硬，要比柠檬面糊更难形成"肚脐"。

[失败案例 ❷]
烤得比较硬

[原因]
✚放入粉类后过度搅拌面糊

→参考步骤3

✚烘烤时间较长

→参考步骤8

玛德琳

材料 （1个7.6cm×4.8cm×1.5cm的玛德琳模具，8个份）

◎柠檬味

鸡蛋（M号）……………………… 1个

白砂糖……………………………… 40g

蜂蜜[*1]…………………………… 20g

柠檬皮碎[*2]…………………… 1/4个的量

香草油……………………………… 少许

A ｜ 低筋面粉 ………………… 60g

　｜ 泡打粉 …………………… 1/3小匙

无盐黄油…………………………… 60g

◎可可味

不放上述材料中的柠檬皮碎，将"60g低筋面粉"用"45g低筋面粉+10g可可粉"代替。粉类均匀混合后过筛2次。

◎抹茶味

不放上述材料中的柠檬皮碎，将"60g低筋面粉"用"45g低筋面粉+10g抹茶粉"代替。粉类均匀混合后过筛2次。

[*1]

放入蜂蜜会让面糊更绵润，味道更浓郁，烘烤颜色也会变深。如果这里使用绵白糖，就会让质地过于绵润，所以要用白砂糖。

[*2]

材料中的柠檬皮，建议使用未使用农药和未打蜡的有机柠檬。

提前准备

a

鸡蛋在室温下回温。

◎放入熔化的黄油时，若鸡蛋较凉，会难以搅拌均匀。

b

将A均匀混合后过筛1次。

◎将A中的粉类倒入粉筛等，从较高的地方过筛。这样除了能去除粉块，也能让粉类混入空气，混合时更容易搅拌。

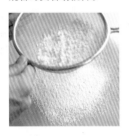

c

黄油隔水或者用微波炉加热熔化。

◎黄油最好加热到60～70℃，这样材料才容易搅拌。先隔水保温，使用前再加热到熔化。

◎关于玛德琳模具

我使用的玛德琳模具，由CUOCA甜点专卖店和千代田金属合作生产。材质是镀锡钢板，表面有硅涂层，烘烤后容易脱模，涂抹黄油后无须裹上粉类。这个模具的热传导性能很好，与普通模具烤出的成品差别非常明显。虽然价格较高，但更适合热效率差的家用烤箱使用。

做法

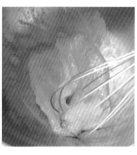

1
碗内打入鸡蛋，用打蛋器搅拌均匀。

◦搅拌其他材料前先将鸡蛋打散，这样面糊会更容易搅拌至顺滑。将蛋液搅拌均匀，但不要打发。

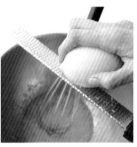

2
放入白砂糖、蜂蜜并搅拌均匀。再放入柠檬皮碎、香草油搅拌均匀。

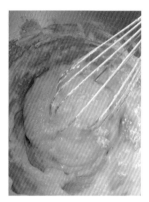

3
将A的粉类过筛放入，再搅拌至顺滑。

◦放入时要过筛，这样更容易搅拌。

◦若搅拌过度，容易产生面筋，搅拌至看不见生粉就可以了。

4
多次少量地放入熔化的黄油并搅拌均匀。覆上保鲜膜，冷藏静置1小时以上。

◦最好可以静置一晚，这样面糊的纹理会更细腻。

5
烤箱预热到180℃。模具涂抹一层薄薄的黄油（分量外），放入冰箱略微冷却。再撒上一层高筋面粉，拍落多余的面粉。

◦烤箱要提前充分预热。即使烤箱已完成预热，烤箱内的温度可能也未达到设定温度，要继续预热10分钟以上，提前积蓄足够的热量。

◦复杂的模具不能铺上油纸，这里用涂抹黄油再撒上面粉的方法，更容易脱模（容易脱模的模具就不需要撒面粉了）。

6
将面糊装入裱花袋。

◦将裱花袋立在杯子里，这样更容易将面糊装入裱花袋中（p7）。

◦面糊质地较硬，所以要用刮板挤压到前端。

7
将面糊挤入模具，约八分满。

◦使用裱花袋，将面糊均匀地挤入模具中。

8
烤箱预热至180℃后，烘烤13～15分钟。烘烤后要立刻脱模，然后放在蛋糕架上放凉。

◦烤好的蛋糕有带贝壳花纹的一面和膨胀成"肚脐"的一面，选择自己喜欢的一面作为表面，放在蛋糕架上放凉。

莓果挞

用自己喜欢的水果做成水果挞，再用果胶增加光泽，立体式摆放会让成品更美观。

应该没有女生不会被宝石般闪闪发亮的莓果挞所吸引。在所有挞之中，莓果挞最出众，也最受欢迎。

掌握用杏仁奶油烘烤基础挞的方法，再搭配喜欢的水果，就可以随时做应季的水果挞了。铺在底部的挞皮也可以用饼干代替。制作的关键在于挞皮的面团要充分静置后再铺入模具。制作杏仁奶油时，要一点点倒入蛋液，以免出现水油分离的状况。

最好能将几种水果组合摆放，不熟练的时候可以只摆放一种水果，这样容易保持造型的平衡。莓果种类繁多，改变莓果的种类和摆放方法，就能做出不一样的莓果挞。可以根据自己的喜好自由组合。摆放的诀窍是不要铺得太薄，厚度适当，堆出高度。不论是菜肴还是甜点，外观立体一点会更显奢华。最后使用镜面果胶，凸显光泽感。

摆放了大量水果的挞很难切开，几乎不可能完美分切。分切时若莓果掉落，可以切好后重新摆放，整理好造型后摆上桌。

？常见的失败案例和原因

[失败案例 ❶]
挞皮不酥松

[原因]
✚ 黄油熔化过度
→ **参考提前准备1–a**

✚ 放入粉类后搅拌过度
→ **参考步骤3、4**

✚ 面团没有充分静置
→ **参考步骤5、9**

✚ 面团软塌
→ **参考步骤6～9**

[失败案例 ❷]
杏仁奶油分离

[原因]
✚ 黄油和白砂糖搅拌不充分
→ **参考步骤11**

✚ 鸡蛋没有在室温下回温，或者
一次性倒入全部蛋液
→ **参考提前准备2–d、步骤12**

莓果挞

材料 （直径18cm的挞盘，1个份）

挞皮

无盐发酵黄油 [*1]	75g
糖粉 [*2]	50g
盐	1小撮
鸡蛋（M号）	1个
A ┃ 低筋面粉	110g
┃ 杏仁粉	15g

杏仁奶油

无盐黄油	60g
白砂糖	60g
鸡蛋（M号）	1个
朗姆酒	1大匙
B ┃ 低筋面粉	20g
┃ 杏仁粉	60g

莓果类（草莓、覆盆子、蓝莓、黑莓）	400g
镜面果胶 [*3]	50g
薄荷叶	酌情添加

*1
烘烤这款甜点一定要使用发酵黄油，成品味道会有所不同。

*2
为了让挞皮变得酥松，要使用糖粉。若使用绵白糖，成品口感会变得绵润且容易受潮；若使用白砂糖，容易留下粗糙的糖粒。

*3
镜面果胶可以增添慕斯或者芭芭露的光泽，是给水果装饰增色的必备品，它还可以避免水果干燥。有加热、不加热、加水、不加水等各种类型，这次使用的是黏着力强的加热加水型。在烘焙材料商店里可以买到。

提前准备1
制作挞皮前操作

a
黄油要在使用前30 ～ 60分钟时，放在室温下静置软化。

◉黄油静置到能用手按压的程度，太硬或者太软，打发时都不能混入足够的空气。这里黄油的最佳使用温度在20℃左右。如果熔化得太软，改变了黄油的分子结构，就不能复原了。

◉天热时黄油短时间内就会熔化，要快速操作。天冷时室温达不到软化的程度，可以将黄油切成小块，再隔水加热到约40℃，或者用微波炉小火力加热，每加热30秒就观察一下状态。

b
将A均匀混合后过筛2次。

◉将A中的粉类倒入粉筛，从较高的位置过筛。这样除了能去除粉块，也能让粉类混入空气，混合时更容易搅拌。

◉不同的粉类混合后过筛2次，就不会搅拌不匀了。

提前准备2
制作杏仁奶油前操作

c
黄油要在使用前30 ～ 60分钟时，放在室温下静置软化。

d
鸡蛋在室温下回温。

◉蛋液和黄油混合时，如果温度过低，会难以混合均匀。

e
将B均匀混合后过筛2次。

f
烤箱预热到170℃。

◉烤箱要提前充分预热。即使烤箱已完成预热，烤箱内的温度可能也未达到设定温度，要继续预热10分钟以上，提前积蓄足够的热量。

制作挞皮

1
碗内放入黄油，用橡皮刮刀搅拌成奶油状。

⊙为了避免结块，首先要用橡皮刮刀搅拌至顺滑。

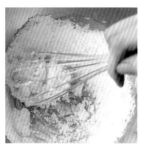

2
放入砂糖和盐，用打蛋器搅拌。再放入蛋黄并搅拌至顺滑。

⊙这里不需搅拌均匀，搅拌至顺滑就可以。
⊙鸡蛋的分离方法参考p6。

3
将A的一半过筛放入，用橡皮刮刀搅拌至看不见生粉。

⊙先放入一半的A，注意要过筛后加入，这样更容易搅拌。

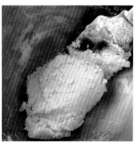

4
剩余的A也过筛放入，搅拌至看不见生粉，最后用手揉成团。

5
将面团揉圆压平，用保鲜膜包裹，在冰箱内冷藏静置1小时以上。

⊙最好静置一晚。
⊙静置时，面团内的粉类、水分和油分会因融合而变得稳定。
⊙要揉圆压平面团，方便后续操作。

6
在面板和面团上撒上高筋面粉，用擀面杖擀成5mm厚的圆形。

⊙边旋转面团，边将其擀成比挞盘大一圈的圆形。
⊙要快速操作。若面团变软，要再冷藏静置一下。

7
模具内抹上一层薄薄的黄油（分量外），再将面团紧紧贴在模具上。

⊙模具的边缘部分一定要用力按压。

8
用擀面杖沿边缘擀过模具，让多余的面皮落下。

9
按压面团，使其稍微露出模具。再冷藏静置约30分钟。

⊙挞皮经过烘烤后会略微收缩，所以要用手指沿着模具边缘按压面团，让面团略微露出边缘。

操作提前准备2（p84）

制作杏仁奶油

10
碗内放入黄油，用橡皮刮刀搅拌成奶油状。

○为了避免结块，首先要用橡皮刮刀搅拌至顺滑。

11
分2次放入白砂糖，并用电动打蛋器打发。

○打至黄油混入空气，质地变软，颜色发白。

12
将鸡蛋打散，多次少量地放入步骤11搅拌，再倒入朗姆酒搅拌均匀。

○若将含有水分的蛋液、酒一次性全部放入黄油中搅拌，容易水油分离。所以要利用乳化作用，多次少量放入，每次都搅拌均匀。另外，若蛋液温度过低，也容易水油分离。

13
将B过筛放入，搅拌至顺滑。

烘烤、装饰

14
在步骤9的挞皮中倒入步骤13的杏仁奶油，烤箱预热至170℃后烘烤约45分钟。烤好后连同模具一起放在蛋糕架上放凉。

15
莓果类用刷子刷去杂质，草莓切大块。

○莓果类不耐水，不要用力在水中清洗。表面淋水后会变得水润，味道变差，也容易破损。

16
将镜面果胶和10mL水放入小锅，边搅拌边加热到溶化，再冷却到约70℃。

○镜面果胶放凉后会立刻凝固。

17
脱模，在挞上放莓果，刷上镜面果胶。冷藏约1小时。

○分3次放莓果。先随意地摆放，在缝隙间涂上镜面果胶。然后再叠加放上莓果，再刷上果胶。

○先放上大的莓果，缝隙之间用小的莓果填满。

18
用薄荷叶做装饰，用热水温热蛋糕刀，分切。

○分切方法参考p7。

○要避免切到小水果。如果水果掉落了，分切后再放在上面就可以了。

○注意不要切得太小块。最好切成6～8等份。

86

只装饰红色莓果

准备400g红色莓果（草莓、覆盆子、树莓），像步骤17一样随意摆放，并刷上镜面果胶。为了能在周围挤上淡奶油，要空出边缘一圈。将打至八分发的淡奶油用圆形裱花嘴挤出，再撒上开心果。

创新 莓果挞的装饰

挞的装饰方法无须墨守成规，用自己喜欢的水果装饰成喜欢的样子就好。可以随意摆放堆砌，塞满水果，只需遵循简单的摆放原则即可。另外，将香草、坚果、淡奶油互相组合，可以变换出不同的装饰风格。这里介绍两种装饰方法。

撞色装饰

和制作莓果挞的材料相同，准备好各种莓果。先在最外侧放上一圈黑莓，刷上果胶，内侧再依次放入草莓、蓝莓、覆盆子，形成圆圈，每圈都涂抹上镜面果胶。

巧克力蛋糕

用蛋白霜做出松软的质地，再蒸
烤出绵润的口感和微苦的味道。

　　巧克力蛋糕种类繁多。我做的巧克力蛋糕入口即化、质地绵润、味道微苦。由于放入了蛋白霜，质地变得蓬松，用蒸烤的方法制造出虽不轻盈但十分绵润的口感。注意若蛋白霜打发过度，膨胀后会快速塌陷，所以打发一定不要过度。搅拌时要注意，巧克力变凉后会发硬，巧克力中的油脂也容易消泡，所以要快速搅拌。

　　另外，使用不同的巧克力，会让巧克力蛋糕的味道和香气发生改变。巧克力也分很多等

级，从国外含有大量可可脂的高级巧克力品牌，到日本甜点工厂的巧克力板，种类繁多。p92的专栏介绍了不同巧克力的味道和香气。选择巧克力没有对与错，选择自己喜欢的就好。

　　巧克力蛋糕直接吃就很好吃，和打发的淡奶油、奶油酱一起享用，能得到与众不同的口感。一般甜点搭配红茶比较好，若品尝的是巧克力蛋糕，我建议搭配咖啡。

？ 常见的失败案例和原因

[失败案例 ❶]
蛋白霜没有打发

[原因]
✚ 混入了油脂（蛋黄）

➔ **参考提前准备e、步骤5**

✚ 过早放入砂糖

➔ **参考步骤6**

[失败案例 ❷]
蛋糕糊分离

[原因]
✚ 巧克力的熔化温度过高

➔ **参考步骤1**

✚ 搅拌材料前，巧克力的温度下降导致凝固

➔ **参考步骤3 ～ 9**

巧克力蛋糕

材料 （直径18cm的活底圆形模具，1个份）

巧克力	100g
无盐黄油	80g
蛋黄（M号）	3个
白砂糖A	50g
牛奶	50mL
朗姆酒	2大匙
A 低筋面粉	1大匙
可可粉	50g
蛋白（M号）	4个
白砂糖B	50g
糖粉	酌情添加

▌提前准备

a
牛奶在室温下回温。

b
在模具内侧薄薄地涂抹一层黄油或植物油（分量外），底部铺上油纸，再将模具放入锡纸做成的容器。

●由于是活底模，蒸烤时热水会渗入模具。最好多包上几层锡纸，但热水仍有可能会渗入，所以这里我用了一次性锡纸容器。

c
将A均匀混合后过筛2次。

●将A中的粉类倒入粉筛，从较高的位置过筛。这样除了能筛出粉块，也能让粉类混入空气，混合时更容易搅拌。

●不同的粉类混合后过筛2次，就不会搅拌不匀了。

d
将烤箱预热到160℃。

●烤箱要提前充分预热。即使烤箱已完成预热，烤箱内的温度可能也未达到设定温度，要继续预热10分钟以上，提前积蓄足够的热量。

e
鸡蛋冷藏到使用前，将蛋黄和蛋白分离。

●用冷藏后的蛋白打发的蛋白霜纹理更细腻，状态更稳定。

●分离后蛋黄容易干燥，表面的薄膜容易凝结，所以使用前再分离。

●鸡蛋的分离方法参考p6。

做法

1
将巧克力切碎后放入碗内，和切成2cm见方的小块黄油一起隔水加热熔化。

● 热水的温度加热到约60℃即可。

● 为了避免水蒸气（水分）进入装巧克力的碗内，将碗放入锅内时与锅边不要留缝隙。

2
在另一个碗内放入蛋黄和白砂糖A，用打蛋器打至颜色变白。

● 这里要充分打发，之后放入温热的巧克力时，热传导才会变得缓慢，蛋液才不会凝固。

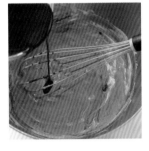

3
将步骤1多次少量地倒入步骤2内搅拌均匀。再依次倒入牛奶、朗姆酒，每次都要搅拌均匀。

● 若一次性加入巧克力，温度会快速上升使蛋液凝固，所以要慢慢加入。

4
将A的粉类过筛加入，搅拌至顺滑。

● 放入时要过筛，这样更容易搅拌均匀。

5
在另一个碗中放入蛋白，用电动打蛋器打至有小角立起。

● 要使用没有污渍和水渍的碗，注意不要有油分。蛋黄也含有油分，所以即使只混有少量蛋黄，也做不出质地硬实的蛋白霜。

● 蛋白霜的气泡越大，就会膨胀得越大，这样反而容易塌陷。气泡纹理细腻均匀，才是理想的打发状态。

● 不要一开始就放入砂糖。砂糖虽然有助于气泡保持稳定的状态，但因为有了黏性，会更难打发。

6
分2次放入白砂糖B，继续打至有小角立起。

● 虽然要打发出质地硬实的蛋白霜，但也不能打发过度。如果打至干巴巴的状态，后面的步骤会更难以混合。

● 打发过程中不能间断。一旦中断，不管后面再怎么搅拌，蛋白质的状态已经发生了变化，就很难打发了。

7
将1/3步骤6的蛋白霜放入步骤4内，用打蛋器搅拌均匀。

● 这里要将蛋黄糊和蛋白糊充分混合均匀。即使消泡也没关系。

8
放入一半剩余的蛋白霜，先用打蛋器轻轻搅拌，再用橡皮刮刀搅拌。

● 用打蛋器将大气泡搅碎。如果残留了气泡，烘烤时会出现空洞。

9

放入所有剩余的蛋白霜，用打蛋器轻轻搅拌后，改用橡皮刮刀搅拌均匀。

●用橡皮刮刀从底部将面糊翻拌均匀。

10

将步骤9倒入模具，双手持模具，轻轻磕几下磕出空气。

●由于用的是活底模，所以模具和面糊之间会留有缝隙。

11

将模具连同锡纸做的容器放入方盘内。在方盘中倒入约2cm深的热水。在预热至160℃的烤箱内蒸烤约45分钟。

12

烤好后放在蛋糕架上放凉，降温后脱模。食用时撒上糖粉。

●将模具扣在罐子或者瓶子等稳定的容器上，按压并取下模具。

●分切方法参考p7。

关于巧克力

　　做巧克力蛋糕时，使用的巧克力会直接影响蛋糕的味道。这里介绍5种有代表性的巧克力。如果想做出媲美蛋糕店的醇厚口感，就用法芙娜加勒比黑巧克力。但是，没有异味、食用方便的明治黑巧克力，味道也令人惊艳。

A 法芙娜 圭那亚黑巧克力（可可脂含量70%）

法芙娜巧克力中的佼佼者，完美地体现了巧克力本身的苦味，却又略微含有一丝酸甜，形成了味觉的平衡。

B 法芙娜 CARAQUE苦甜巧克力（可可脂含量56%）

这款巧克力将坚果般的香气和可可的风味融合在一起，是法芙娜苦甜巧克力中口感最丝滑的一款。用途十分广泛。

C 法芙娜 加勒比黑巧克力（可可脂含量66%）

拥有醇厚的巧克力风味，酸甜适当，味道极好。让人联想到加勒比海群岛产的可可豆的丰富风味和烘烤坚果的香气。

D 明治黑巧克力

拥有优质的苦味和可可的华丽香气，是一款很有特点的黑巧克力。虽然没有法芙娜巧克力那么醇香，但是也没有特殊的味道，很容易被大众接受。

E 百利特级巧克力（可可脂含量55%）

这是一款可可香气浓郁、入口即化的苦甜巧克力，也是一款没有特殊味道的基础巧克力。是百利公司引以为傲的畅销商品。

巧克力蛋糕和奶油酱

巧克力蛋糕直接吃就很美味，搭配奶油酱则别具风味。
可以只使用一种酱，也可以将两种酱组合，味道都很好，选择自己喜欢的即可。

英式奶油酱

做法参考p61。

淡奶油

淡奶油内不放白砂糖（如果想放少量的砂糖，可以在100mL淡奶油中放入约1小匙白砂糖），用电动打蛋器打至七八分发。

水果酱
（覆盆子、热带水果）

锅内放入120g切成小块的水果，放入40g白砂糖静置约30分钟。加热至沸腾后，再用中火煮2～3分钟（若水分不够可再添1～2大匙水）。最后过滤放凉。

香橙布朗尼

> 我将自己做的糖渍橙片摆在蛋糕上当装饰，做成绵润香浓的美式甜点。

布朗尼是我常做的一款美式甜点，依次放入材料搅拌，然后烘烤，很快就能完成。布朗尼配方简单，随意做味道就很好，做起来非常轻松。

这次做的布朗尼要略微费些工夫，因为放入了我自己做的糖渍橙片，味道和香气会更清新。蛋糕糊里加入切碎的橙子，表面装饰橙子切片，充分呈现橙子的香气。我非常喜欢橙子和巧克力的组合，巧克力的浓郁香气和橙子的

酸甜口感交织在一起，形成了一种华丽的味道。

若烘烤过度，蛋糕容易变得干硬，但混入大量糖渍橙片的蛋糕糊，既便长时间烘烤，也依旧绵润。这款蛋糕不易破碎，方便手拿，外形美观，切成一口大小装入袋中，非常适合作为礼物送人。使用高级的巧克力，味道就会更加醇厚，即便用一般的巧克力板也能做出好吃的布朗尼。事实上，我觉得布朗尼这样的粗犷甜点，更适合使用一般的巧克力。

❓ 常见的失败案例和原因

[失败案例 ❶]
蛋糕糊分离

[原因]
➕巧克力熔化的温度过高
→ **参考步骤1**
➕搅拌前巧克力温度下降导致凝固
→ **参考步骤2～4**
➕鸡蛋温度过低，或者一次性倒入全部蛋液
→ **参考提前准备a、步骤3**

[失败案例 ❷]
烤好的蛋糕太黏稠

[原因]
➕糖渍橙片中的糖汁没有沥干
→ **参考步骤4、6**
➕烘烤时间不够
→ **参考步骤5、6**

香橙布朗尼蛋糕

材料 （18cm × 18cm带底方形模具，1个份）

巧克力 [*1]	100g
无盐黄油	80g
绵白糖	80g
鸡蛋（M号）	2个
君度酒	2～3大匙
糖渍橙片 [*2]（切碎）	80g
A 低筋面粉	50g
可可粉	30g
泡打粉	1小匙
糖渍橙片（划十字切成扇形）	8片

*1
布朗尼是一款快手甜点，对巧克力品质要求不高。这里使用的是明治黑巧克力。

*2
糖渍橙片的制作方法
将2个橙子洗净，切成5mm厚的圆片。锅内放入100g白砂糖和300mL水，中火加热，煮沸后放入橙片，再转小火煮15～20分钟。煮到橙皮白色部分变得略微透明后关火，再倒入2大匙君度酒放凉。

提前准备

a

鸡蛋在室温下回温。

b

模具内铺上油纸。

◦将油纸折成适合模具底部的大小，四边折起。将长边放在外侧，铺在模具里（p7）。

c

将A均匀混合后过筛2次。

◦将A中的粉类倒入粉筛，从较高的位置过筛。这样除了能去除粉块，也能让粉类混入空气，混合时更容易搅拌。
◦不同的粉类混合后过筛2次，就不会搅拌不匀了。

d

将烤箱预热到160℃。

◦烤箱要提前充分预热。即使烤箱已完成预热，烤箱内的温度可能也未达到设定温度，要继续预热10分钟以上，提前积蓄足够的热量。

做法

1

将巧克力切碎后放入碗内，和切成2cm见方的小块黄油一起隔水加热至熔化。

◉热水的温度加热到约60℃。

2

将碗从热水上拿开，再放入绵白糖，用打蛋器搅拌。

3

逐个打入鸡蛋，搅拌均匀。接着放入君度酒搅拌。

◉为了避免水油分离，每打入1个鸡蛋都要搅拌均匀。另外要注意鸡蛋的温度不能太低。

4

放入橙片碎搅拌。再将A的粉类全部过筛放入，用打蛋器搅拌至顺滑。

◉将糖渍橙片的糖汁沥干再放入。

◉放入粉类时要过筛，这样更容易搅拌均匀。

5

倒入模具，烤箱预热至160℃后烘烤10分钟。

6

取出烤好的蛋糕，将切好的橙片沥干糖汁放在蛋糕上，然后继续烘烤10～15分钟。

7

烘烤完成后，用刷子刷上一层糖浆。

8

放凉后，用热水擦拭后的蛋糕刀分切。

◉可以烤好后立刻脱模，也可以连同模具一起放凉。

◉分切方法参考p7。

柠檬蛋糕

在柠檬味的蛋糕糊里放入大量黄油和砂糖，做出美味的柠檬蛋糕。

我喜欢的甜点有一个共通点，就是带有柠檬的味道。我不单喜欢甜点中清爽的柠檬香气，也喜欢加入柠檬汁之后浓郁的酸味。下面介绍的这款柠檬蛋糕，既有柠檬的清香，也有明显的酸味，我非常喜欢。为了中和柠檬汁的酸味，我放入了大量黄油和砂糖。虽然开始时味道并不能很好地融合，但是调和之后，味道就完美地融合在一起了。

这次做的是黄油蛋糕，采用全蛋打发法，再放入熔化的黄油搅拌。虽然有些难度，但只要准确测量蛋液的温度，并将蛋液充分打发，再放入面粉和黄油搅拌均匀，就能很好地膨胀。这样一来，绵润的蛋糕就会变得轻盈。

这款蛋糕可以用自己喜欢的模具制作，也可以用磅蛋糕模具，这里使用的是雏菊造型的精致模具，只用这个模具就能打造出隆重的感觉。最后淋上糖衣，让蛋糕的口感更丰富，不仅酸甜可口，还能防止蛋糕变干。建议搭配红茶享用，味道更好。

? 常见的失败案例和原因

[失败案例 ❶]
蛋糕没有膨胀

[原因]
✚ 打发蛋液时温度较低
→ 参考步骤3
✚ 蛋液打发不够充分
→ 参考步骤4
✚ 放入黄油或面粉后过度搅拌
→ 参考步骤5 ~ 7

柠檬蛋糕

材料 （直径18cm的雏菊模具、18cm×7.5cm×6.5cm
的磅蛋糕模具，1个份）

		糖衣	
鸡蛋（M号）………	2个	糖粉………………	80g
绵白糖……………	80g	柠檬汁……………	20g
无盐黄油…………	80g		
柠檬汁……………	2大匙		
柠檬皮碎			
…………	1/2个的量		
低筋面粉…………	80g		

▌提前准备

a

**模具用刷子薄薄地刷上一
层熔化的黄油（分量外），
再冷藏静置。**

●形状复杂的模具，先涂抹黄
油再撒面粉，这样容易脱模。
面粉要在倒入蛋糕糊前再撒。
另外，使用磅蛋糕模具时，
模具内要铺上油纸（p7）。

b

低筋面粉过筛1次。

●将面粉倒入粉筛，从略高
的位置过筛。这样除了能去
除粉块，也能让粉类混入空
气，混合时更容易搅拌。

c

**黄油隔水或微波加热熔化。
再放入柠檬汁和柠檬皮碎。**

●搅拌材料时温度最好达到
70℃。隔水保温直到使用前，
或者使用前再熔化。温度下
降后，黄油的流动性会变差，
从而难以搅拌均匀。

●使用柠檬皮时，选择未用
农药和未打蜡的有机柠檬。

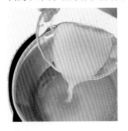

d

将烤箱预热到170℃。

●烤箱要提前充分预热。即
使烤箱已完成预热，烤箱内
的温度可能也未达到设定温
度，要继续预热10分钟以上，
提前积蓄足够的热量。

▌做法

1

**碗内放入蛋液和绵白糖，用
电动打蛋器轻轻低速搅拌。**

●放入材料后若静置，容易
结块，所以要立刻搅拌。

●打发后体积会变大，所以
要用直径24cm以上的碗，更
方便操作。

2

**搅拌后隔水加热，用电动
打蛋器打发。**

●在较大的平底锅内倒入水
加热，加热到60℃后，将碗
底浸入锅中。

●打发全蛋时，蛋黄内的脂
肪会影响打发，但是温度升
高，会减弱液体表面的张力，
使打发更容易。

3

**蛋液温度达到35℃后不再
隔水加热。**

●虽然经常说"加热至接近
人体体温即可"，但每个人
对温度的感知程度不同，所
以一定要使用温度计（最好
是电子温度计），准确测量到
35℃。

●在40℃以上打发时蛋液会
过度膨胀，这样做出的蛋糕
纹理较粗。35℃左右才是打
发的理想温度。

4

用电动打蛋器继续打发。

○提起打蛋器，蛋液可以缓缓落下就可以了。

○充分打发后，即使再和面粉、黄油混合，也不会消泡，烘烤时能膨胀起来。但是，不要过度打至发干的状态。

8

在涂有黄油的模具内侧表面撒上一层高筋面粉，拍落多余的面粉。

○先用粉筛过筛面粉。侧面也要薄薄地裹上一层面粉，然后旋转拍落多余的面粉。

○如果粘有多余的面粉，蛋糕烤好后会在表面留下白色粉末。

5

将熔化的黄油和柠檬汁混合，分3次加入打发的蛋液中，每次都用打蛋器搅拌。

○黄油比重较重，容易沉在碗底，所以要搅拌均匀。

○搅拌至蛋液出现光泽。

9

将蛋糕糊倒入模具，烤箱预热至170℃后烘烤45～50分钟。烤好后脱模，再放在蛋糕架上放凉。

6

先将一半低筋面粉过筛放入，搅拌至看不见生粉。

○先放入一半的面粉，注意要过筛放入，这样更容易搅拌。

○若面粉难以搅拌，可以先用打蛋器搅拌。搅拌均匀后改用橡皮刮刀从底部翻拌。

10

碗内放入制作糖衣的材料，隔水加热溶化后，将其淋在放凉的蛋糕上。再在200℃的烤箱中烘烤1～2分钟使糖衣干燥。

○使用雏菊模具时，烤好的蛋糕上会有很多凹陷，将蛋糕倾斜着转一圈，使多余的糖衣滴落。

7

剩余的低筋面粉也过筛放入并搅拌均匀。

○同样先用打蛋器，再改用橡皮刮刀搅拌。搅拌至略微能看到生粉就可以了。

司康

用高温充分烘烤，烤出表皮酥脆、内里蓬松的司康，即使放到第二天依然香飘四溢。

和松软绵润的司康相比，我更喜欢外表酥脆、内里蓬松的司康。我认为司康好吃与否的关键在于口感。搅拌时加入高筋面粉，能避免司康过轻，侧面也要刷上蛋液，在高温下充分烘烤，才能烤出香味。材料里不仅有黄油，还加入了淡奶油，这样既能让口感更顺滑，又能让油脂充分融合，从而做出香气浓郁、口感蓬松的司康。

刚烤好的司康固然美味，放到第二天，香气依旧诱人。这款司康一定要涂抹凝脂奶油才好吃。p104介绍了凝脂奶油，不了解的人可以看一下。司康和凝脂奶油的味道都很棒，搭配在一起会让美味加倍。口感酥脆的司康＋味道浓郁的奶油＋酸甜可口的果酱，这就是我心目中司康的黄金组合。

面团压出造型后，可以冷藏，也可以冷冻，将冷冻的面团直接放在烤盘上烘烤，要比冷藏的面团多用约10分钟，轻轻松松便能享用新鲜出炉的司康。

❓ 常见的失败案例和原因

[失败案例 ❶]
口感不酥脆

[原因]
➕ 黄油熔化过度
→ 参考步骤2

➕ 压模时面团已经变软
→ 参考步骤8

➕ 面团没有充分静置
→ 参考步骤8

➕ 预热不够，烘烤温度低
→ 参考步骤9

[失败案例 ❷]
没有层次感

[原因]
➕ 揉面时没有反复叠加面团
→ 参考步骤6

司康

材料 （直径5.5cm的菊花模具，7～8个份）

A	低筋面粉 ·················	120g
	高筋面粉[*1] ···········	120g
	泡打粉 ·················	1½ 大匙
白砂糖 ······················		2 大匙
盐 ··························		2 小撮
无盐黄油 ····················		25g
淡奶油[*2] ··············	180 ～ 200mL	
蛋液 ··············	少许 （装饰用）	

装饰
凝脂奶油 ···················· 适量
喜欢的果酱 ·················· 适量

提前准备

a
黄油切成1cm见方的小块，使
用前冷藏静置。

*1
混入高筋面粉比只使用低筋面
粉的做法更显分量感。

*2
建议使用乳脂含量40%以上的
淡奶油。

○关于凝脂奶油

凝脂奶油（Clotted cream）一般和果酱一起搭配
司康食用。这种传统奶油在英国西南部已经有
两千多年的历史了。其做法是用小火慢煮脂肪
含量高的牛奶，静置一晚后，收集表面凝结的
乳脂。凝脂奶油的乳脂含量在60%左右，比黄
油（80%）低，比淡奶油（30%～48%）高。如今，
英国的德文郡、康沃尔郡等地产的凝脂奶油非
常有名，被称为"德文奶油"和"康沃尔奶油"。
在日本建议购买罗达公司的凝脂奶油。这种奶
油是将康沃尔郡娟珊牛产的高乳脂牛奶煮至沸
腾，再收集凝结的乳脂制成。表面深黄色的膜
也叫作奶油皮，是使用高脂肪乳脂制作时的产
物。这款凝脂奶油香气浓郁，入口即化，味道
清爽，很适合和酥松的司康一起吃。

做法

1 碗内放入A中的粉类、白砂糖和盐，搅拌均匀。

2 放入黄油，用手揉搓搅拌，注意不要揉出面块。
◦ 黄油容易熔化，要快速操作。

3 在粉堆中间挖个小洞，倒入淡奶油，再用刮板搅拌。
◦ 如果将淡奶油全部倒入，面团容易软塌，所以要稍留一些。若不够，可以再倒入淡奶油或者牛奶。
◦ 用手搅拌容易使面糊黏稠，所以要用刮板搅拌。

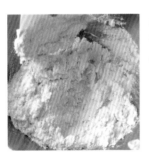

4 将面团揉成团，并在碗内将面团揉开。

5 用刮刀对半切开面团。

6 将面团叠加再揉成团。重复几次，最后揉圆。
◦ 将面团揉成团后对半切开，再叠加揉成团，如此重复几次，烘烤后就能形成漂亮的分层。
◦ 黄油容易熔化，揉到略微残留生粉就可以了，注意不要揉到面团发黏。

7 在面板和面团上撒上高筋面粉（分量外），用擀面杖将面团擀成2.5～3cm厚的面饼。

8 用菊花模具压模。压好的小面团覆上保鲜膜，冷藏静置1小时。
◦ 在模具内侧撒上高筋面粉，再拍落多余的面粉，会更容易脱模。
◦ 剩余的面团揉成团后再压模。

9 烤箱预热到190℃。烤盘内铺上油纸，再摆上步骤8的司康，蛋液过滤后用刷子刷在司康表面，然后烘烤25～30分钟。
◦ 烤箱要提前充分预热。即使烤箱已完成预热，烤箱内的温度可能也未达到设定温度，要继续预热10分钟以上，提前积蓄足够的热量。
◦ 蛋液是用来增添光泽的，不仅上面要刷，侧面也要刷。

关于材料

这里介绍本书使用的主要材料。了解每种材料的作用，选择合适的材料制作不同的甜点。

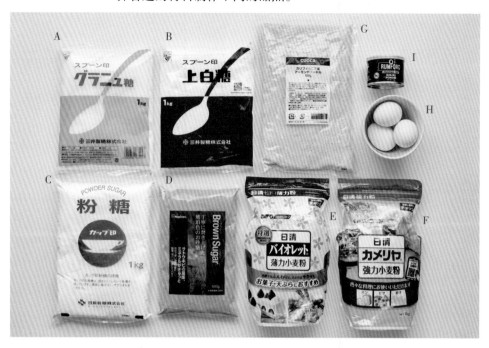

A~D 砂糖

砂糖作用很多，虽然要控制糖分的摄入，但是若随意减少砂糖用量也容易导致制作失败。本书用了4种砂糖。白砂糖纯度较高，味道清爽，最适合用来制作一般的甜点。绵白糖适合用来制作口感绵润的甜点，也容易上色。糖粉是白砂糖磨成的粉末，适合用来制作口感酥松的甜点，也可以用来装饰或者制作糖衣。红糖是未经提炼的茶褐色砂糖，富含矿物质，味道浓郁。

E、F 面粉

面粉的主要成分是蛋白质和淀粉。根据性质不同，可以做出松软、酥松、硬脆、软糯等各种口感。常用来制作甜点的是低筋面粉。相较于高筋面粉，低筋面粉的面筋含量更少，可以做出松软细腻的口感。我使用的是Violet面粉，面筋含量更低，不易结块，能做出更松软的口感。高筋面粉要比低筋面粉颗粒细腻、干燥清爽，适合用做手粉或者撒在模具上。另外，我也会把高筋面粉混入做泡芙皮或者司康的低筋面粉中来丰富口感。开封后面粉就开始氧化，应尽量在一个月内用完。

G 杏仁粉

杏仁磨成的粉末，就是杏仁粉。对烘烤类甜点来说，杏仁粉必不可少，只要放入少量，就能给甜点增添坚果独有的味道和香气。由于容易氧化，所以开封后要尽快用完，冷藏保存。

H 鸡蛋

打发蛋液时使其混入充足的空气，就能做出松软的口感。而制作卡仕达奶油酱和布丁，利用的则是鸡蛋的凝固性。蛋白和蛋黄的成分和性质不同，大多分开使用。本书使用的是M号鸡蛋。最好选用新鲜的鸡蛋。

I 泡打粉

泡打粉也叫发酵粉。与水混合并加热会产生二氧化碳，让面糊膨胀起来。要选择不含铝的泡打粉。

J、K 黄油

黄油由牛奶中的乳脂成分浓缩凝固而成。打发黄油能使其含有空气，并抑制面筋的形成，进而让面糊变得绵润松软，做出酥松的口感，并形成层次。黄油分为有盐型和无盐型。盐分会影响味道、香气和口感，所以制作甜点时一般使用无盐黄油。另外，也有加入乳酸菌发酵的发酵黄油，虽然价格较高，但香气独特，能为烘烤类甜点增加醇厚的风味。其中我最喜欢的是香气浓郁的明治发酵黄油。

L、M 淡奶油

淡奶油是将牛奶的乳脂成分离心分离后浓缩而成。图中所示的淡奶油，是以牛奶为原料，加入添加剂或者动物性脂肪制成。乳脂含量在35%～47%，数字越大口感越醇厚，数字越小口感越清爽。乳脂含量低的淡奶油不易打发，不适合制作硬实的打发奶油。我常使用中泽或者高梨的淡奶油。将高乳脂的淡奶油和低乳脂的淡奶油混合，形成乳脂含量在40%～42%的淡奶油，这种程度的乳脂浓度恰到好处，方便使用。

N 牛奶

未经调制的牛奶适合用来做甜点。多在制作布丁、卡仕达奶油酱、海绵蛋糕等甜点时使用。

O～Q 利口酒

想丰富甜点的味道，一定要使用利口酒。我常备以下3种利口酒。想要甜点口感醇厚，就用白兰地或者朗姆酒；想要甜点口感轻盈，就用君度酒。白兰地（Q）是用葡萄发酵而成的蒸馏酒，适合搭配各种甜点。朗姆酒（O）是用甘蔗发酵而成的蒸馏酒，适合搭配口感醇厚的甜点。君度酒（P）是用橙子酿制的蒸馏酒，与同为橙子酿制的力娇酒相比，口感更轻盈。君度酒广泛用于制作冷甜点、奶油酱和糖浆。

R～T 香草

为了增添香气，会用到香草荚、香草油和香草精。香草荚（R）是兰科植物的种子，使用时，要纵向剖开豆荚，刮出里面的香草籽。香草荚的产地不同，香气也不同，马达加斯加的香草荚味道柔和香甜，大溪地的味道浓烈，别有风味，更加优质。香草油（T）和香草精（S）是将香草籽放入油中或者酒精中浸泡，让香气渗入其中。当然也可以使用其他香料，价格会更低。使用后的豆荚还残留香味，可以洗净晾干后放入砂糖中，做成香草糖。

关于工具

针对制作甜点的基础工具，这里介绍一下选择和使用的方法。既然是精心制作甜点，一定要选择合适的工具。

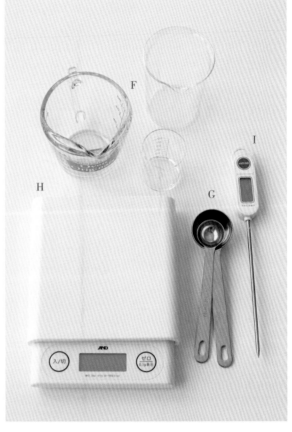

A 碗

碗可以用来搅拌材料、打发、隔水加热、冷却等。不锈钢材质的碗更方便操作。选择直径在24～28cm之间，两种不同尺寸的碗，以便搭配使用。操作时小碗比大碗更方便。

B、C 锅

建议使用耐酸的不锈钢材质或者珐琅材质的单手锅（B）。制作卡仕达奶油酱时，要用打蛋器不断搅拌，所以用圆底的铜锅（C）更方便。如果没有，也可以用其他形状的平底锅，此时需用橡皮刮刀搅拌。

D、E 粉筛、滤网

过筛粉类时选择网目较粗的粉筛，我经常使用多功能粉筛（D）。手持杯式粉筛难以清洗，所以我不喜欢用。用来过滤时，建议使用网目较细的滤网（E）。

F、G 量杯、量匙

1杯是200mL，1大匙是15mL，1小匙是5mL。用量杯称量时一定要水平观测。用大匙和小匙称量时要将材料刮平。准确地称量材料，是制作美味甜点的第一步。

H 电子秤

材料一定要准确称重，最好使用带有归零功能的电子秤（按下按钮能去除容器的重量）。最大称重值为2kg、精准度为0.1g的电子秤，用起来会更方便。给材料称重也是制作甜点前的必备步骤。

I 电子温度计

测量海绵蛋糕的蛋液温度时使用。也有需要目测读数的玻璃材质温度计，但电子温度计的温度变化一目了然，非常精确。最好使用可以测量到200℃的温度计。

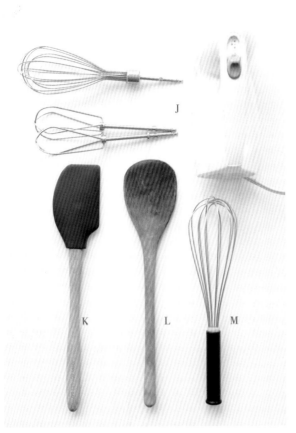

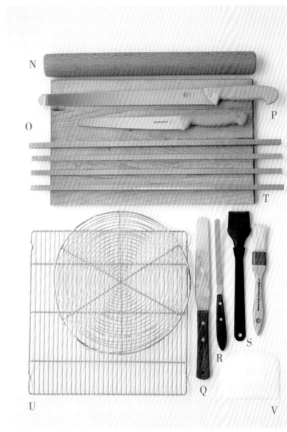

J 电动打蛋器

不同品牌的搅拌棒，其形状、大小和使用力道都不相同，所以打发时间也有差异。我喜欢用Cuisinart的电动打蛋器，它不仅力道大，而且打发得更细腻，只是和一般的日本品牌相比，噪音略大。

K、L 橡皮刮刀、木铲

橡皮刮刀用于搅拌和聚拢材料。由耐热的硅胶材质制成，手柄和铲子可以分离的刮刀使用起来更方便。木铲用来大力搅拌较硬的材料，注意木头容易吸附味道，所以要和烹饪用的木铲区分开。

M 打蛋器

手柄较细的打蛋器，容易施力。建议选择适合手和碗尺寸的打蛋器。我喜欢Matfer的25cm长的打蛋器，虽然铁丝数量不多，却可以轻松打发任意分量的奶油，用起来非常方便。

N、O 擀面杖、面板

擀面杖用于擀压饼干、挞皮、司康面团。擀面杖越粗，就越容易擀压。若没有面板，可以将桌子擦干净后使用。

P~S 刀具、刷子

分切蛋糕时使用波纹刀（P），刀刃长的用起来更方便。抹刀（Q）是用来给蛋糕涂抹奶油的，脱模刀（R）是用来给戚风蛋糕脱模的。刷子分为毛材质和硅胶材质，毛材质使用方便，但是用它刷油脂时，油脂很难滴落，所以涂抹黄油时要用硅胶材质的刷子。

T 蛋糕固定条

分切海绵蛋糕，或者擀压饼干面团时的专用工具，可以使蛋糕厚度均匀，两根为一组，请根据用途选择不同的尺寸。也可以用建材市场销售的木材代替。

U、V 蛋糕架、刮板

蛋糕架用于冷却烤好的甜点。刮板可以抹平材料和奶油的表面，或者分切司康的面团。抹平时使用平直的一侧，分切时使用弯曲的一侧。

结束语

从小我就很喜欢做甜点，不仅是想成为一名甜点师，还想成为一个能写出甜点书的作家。如今，能实现这个梦想，写出自己的甜点书，真的非常幸福。即使到现在，写书对我来说都是一件很特别的事情。

去年秋天，我休了长假，住在旧金山的朋友的家里，那时就已经开始写这本书的企划书了。从写第一本书至今已有7年了，著作也超过了30本，所以我想出一本总结归纳烘焙经验的书。其实，那时我的身体状况并不太好，也有很多烦恼的事情。

当我陷入"换了地方或许就很难继续工作了"的烦恼中时，最先想到的却是"还想再写一本书"。不管何时何地，写书一直是我毕生的追求，也是我的梦想。

写书并不是一个人就能完成的事，而是借助了很多人的力量才能写出这些书。即使现在也是如此。我非常感谢为这本书提供帮助的人。我还要对阅读这本书的读者，以及曾经购买或阅读过我的书的读者，表示深深的感谢。虽然是一句老套的话，但除了感谢，我真的找不出其他话语来表达我的心情。

这一次，我写出了一本自己真正想写的书。希望这本书能对读者略有帮助。

我想把感激之情融入这本书中，献给一起创作这本书的各位同仁，一直给我很大帮助的助手，始终守护在我身边的阿福，鼓励我"为自己写书"的亲人，以及不断阅读甜点配方、一直研究甜点做法的小时候的我。

我在心里深深祈祷，希望这本书能长久地留在大家的书架上，直到多年以后仍能派上用场。

2015年9月1日　拍摄最后一天　福田淳子

图书在版编目（CIP）数据

零失败烘焙教科书 / (日) 福田淳子著；周小燕译
. -- 海口：南海出版公司, 2018.11
　ISBN 978-7-5442-9219-1

　Ⅰ．①零… Ⅱ．①福… ②周… Ⅲ．①甜食—制作
Ⅳ．①TS972.134

　中国版本图书馆CIP数据核字(2018)第044182号

著作权合同登记号　图字：30-2017-167
TITLE：〔おいしい理由がよくわかる スイーツ・バイブル〕
BY：〔福田　淳子〕
Copyright © Junko Fukuda 2016
Original Japanese language edition published by IE-NO-HIKARI ASSOCIATION.
Chinese translation rights arranged with IE-NO-HIKARI ASSOCIATION,Tokyo
through NIPPAN IPS Co.,Ltd.

本书由日本家之光协会授权北京书中缘图书有限公司出品并由南海出版公司在
中国范围内独家出版本书中文简体字版本。

LINGSHIBAI HONGBEI JIAOKESHU
零失败烘焙教科书

　策划制作：北京书锦缘咨询有限公司（www.booklink.com.cn）
总 策 划：陈　庆
策 　 划：滕　明

作　　者：〔日〕福田淳子
译　　者：周小燕
责任编辑：雷珊珊
排版设计：王　青
出版发行：南海出版公司 电话：（0898）66568511（出版）（0898）65350227（发行）
社　　址：海南省海口市海秀中路51号星华大厦五楼 邮编：570206
电子信箱：nhpublishing@163.com
经　　销：新华书店
印　　刷：北京画中画印刷有限公司
开　　本：889毫米×1194毫米　1/16
印　　张：7
字　　数：158千
版　　次：2018年11月第1版　2018年11月第1次印刷
书　　号：ISBN 978-7-5442-9219-1
定　　价：49.80元

南海版图书　版权所有　盗版必究